电子电气信息类专业系列教材

<<<<

>>>> 刘罡 王伟 编著

电磁波与光学实验教程

>>>>

江苏大学出版社
JIANGSU UNIVERSITY PRESS
镇江

图书在版编目(CIP)数据

电磁波与光学实验教程 / 刘罡，王伟编著. — 镇江：江苏大学出版社，2020.8(2024.2重印)
ISBN 978-7-5684-1422-7

Ⅰ. ①电… Ⅱ. ①刘… ②王… Ⅲ. ①电磁波—实验—高等学校—教材②光学—实验—高等学校—教材 Ⅳ. ①O441.4-33②O43-33

中国版本图书馆 CIP 数据核字(2020)第 162957 号

电磁波与光学实验教程
Diancibo Yu Guangxue Shiyan Jiaocheng

编　　著/刘　罡　王　伟
责任编辑/孙文婷
出版发行/江苏大学出版社
地　　址/江苏省镇江市京口区学府路 301 号(邮编：212013)
电　　话/0511-84446464(传真)
网　　址/http://press.ujs.edu.cn
排　　版/镇江市江东印刷有限责任公司
印　　刷/江苏凤凰数码印务有限公司
开　　本/787 mm×1 092 mm　1/16
印　　张/10.25
字　　数/233 千字
版　　次/2020 年 8 月第 1 版
印　　次/2024 年 2 月第 2 次印刷
书　　号/ISBN 978-7-5684-1422-7
定　　价/39.00 元

前　言

本书是参照教育部高等学校教学指导委员会编写的《普通高等学校本科专业类教学质量国家标准》，结合目前电磁波与光学课程教学的基本要求编写而成的。

目前无线通信技术和光纤通信技术发展迅速，无论是从学科发展还是社会需求哪方面看，加强电磁波与光学实验课程建设都有重要的意义。

如何设计同电磁波与光学课程教学相适应的实验课程是一项具有挑战性的任务，目前这一类型的课程在国内外同类专业教学中没有统一的标准。为了保证课程质量，同时确保课程的可实施性，在课程建设中我们本着“注重理论基础，突出实践特色”的原则来设计实验内容。

本书为电磁波与光学课程的实验指导用书，主要目的是：在学生已经具备基本的专业基础知识的时候，通过实验内容，加深学生对相关知识的理解，并让学生掌握一些基本的实践技能。这门课程在整个专业实践技能的培养中起到了承上启下的作用，通过专业实验课程的学习，学生在强化基本实践技能的基础上，可以更好地适应后续更深层次的实践课程的学习。

为了更好地实现课程目标，本书在课程内容的设置上遵循以下原则：

一是注重理论基础：实验内容涵盖课程的主要核心内容，每一章的实验内容前都增加了基础知识，并通过实验加深学生对专业知识的理解。

二是突出实践特色：理论与实践相结合，在实践中体现学科特色，让学生通过实验课程掌握基本的实践技能，为今后各个专业方向的课程学习打下良好的基础。

本书由刘罡统稿和定稿，共分为两大部分 23 章，主要内容如下：

第一部分是电磁波实验，内容包括实验系统介绍、认识电磁波、认识场矢量、位移电流验证、电磁波感应器的设计与制作、电磁波传播特性实验等，由刘罡编写。

第二部分是光学实验，内容包括预备知识、用位移法测薄凸透镜焦距、自组显微镜、自组望远镜、干涉测量实验等，由王伟编写。

本书在编写过程中参阅了大量的技术资料和专业文献，郁从瑞同学参与了实验操作和本书的校对工作，郭业才教授对本书的编写提出了许多宝贵意见，在此一并表示感谢。

本书的出版得到了 2019 年江苏高校一流专业（电子信息工程，No. 289）建设项目、2019 年无锡市信息技术（物联网）扶持资金（第三批）扶持项目及高等院校物联网专业新设奖励项目（通信工程，No. D51）的大力支持，在此表示衷心的感谢！

由于作者水平有限，书中难免会有疏漏之处，恳请读者提出宝贵意见。

编著者
2020 年 7 月

目　录

第一部分

电磁波实验

第 1 章

电磁波实验预备知识

1.1 电磁波综合实验教学系统概述

“电磁场与电磁波”是高校电子信息、物理电子、微电子与微固、通信工程、光电等相关专业必修的一门技术基础课程。电磁场与电磁波基本理论虽然是一些交叉学科的技术增长点和新兴边缘学科技术发展的基础，但是长期以来一直没有一种能够直观表达和形象体验关于抽象的电磁场与电磁波的知识点的实验方法和实验仪器装置，这使得教师在“电磁场与电磁波”的课程教学活动中与学生缺少互动。此外，学生在学习的过程中难以对近期所学的电磁场与电磁波的相关知识形成深刻的理解和认识，尤其是“电磁场与电磁波”这门课程的内容涵盖了大量烦琐复杂的公式，造成学生在学习这门课程的过程中普遍感到枯燥、抽象和难以理解。对于教师而言，这也是“电磁场与电磁波”课程教学环节长期存在的困扰。

南京信息工程大学滨江学院“电磁场与电磁波”教研组根据多年来在相关课程教学中的丰富积累与不断研究探索，针对电磁场与电磁波理论重要知识点在相关课程教学环节中长期存在的难于直观表达的困难，在国内外首次设计发明了能够明确直观表达电磁场与电磁波物理特征并体现为可视的电磁波，同时提供一种可以实现人机交互，并融验证性、设计性、综合性和创新性于一体的电磁场与电磁波实验装置——“电磁波综合实验教学系统”。使用本实验教学系统，能够使学习者清晰透彻地了解法拉第电磁感应定律、坡印廷定理、极化、位移电流、电磁波辐射、电偶极子、引向器天线、电磁兼容等重要知识点，深刻理解电磁感应定律的原理和作用，以及电偶极子和电磁波辐射的原理，掌握电磁波测量技术的原理和方法，帮助学习者建立对于电磁波的形象思维，加深和加强学习者对电磁波产生、发射、传输、接收过程的认识与理解，培养学习者对“电磁场与电磁波”课程的核心知识点的应用和创新能力。授课教师在运用本实验教学系统的同时，也可以围绕“电磁场与电磁波”相关课程，探索、创新并开发出满足新工科教育培养和卓越工程师培养要求的创新实验，形成教学新成果。

1.2　实验教学系统的组成及其原理

本实验教学系统的基本组成如图 1-1 所示：由信号源、射频功率放大器、四极化发射天线、无源感应器(接收)、计算机等组成无线收发系统(见图 1-2)；由反射板、滑块、标尺、方位角云台、俯仰角云台、方位角转盘、导轨等组成实验架轨平台。

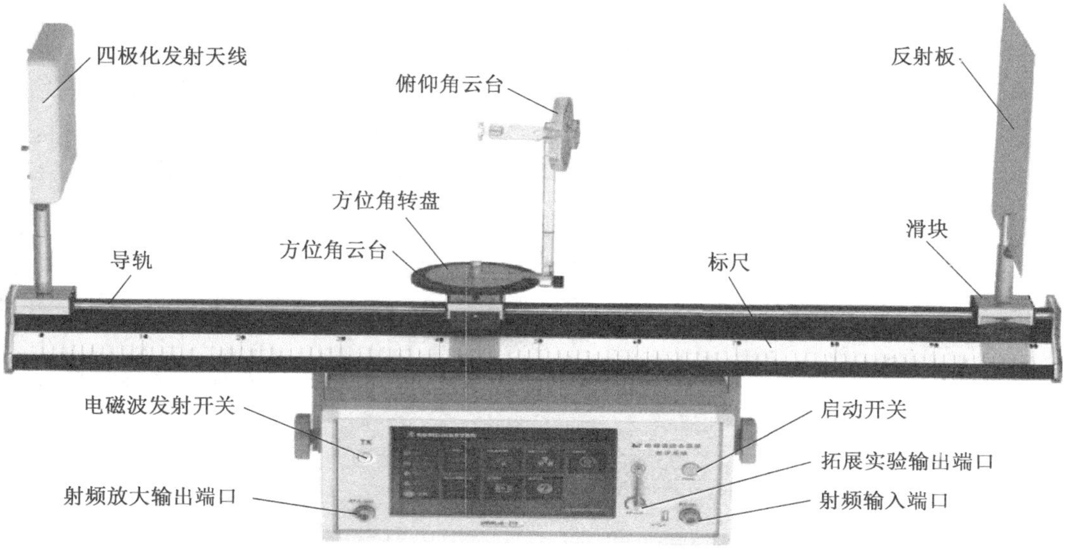

图 1-1　系统基本组成

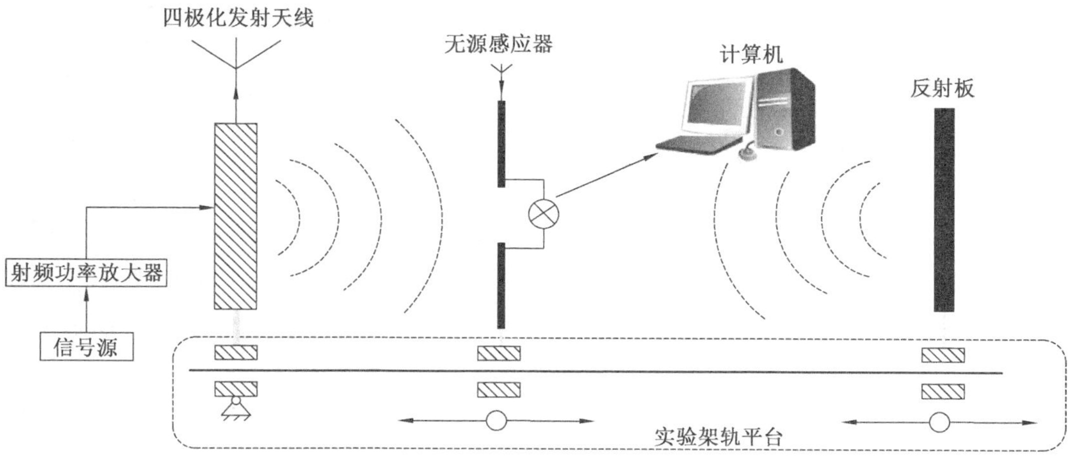

图 1-2　系统工作原理

本实验教学系统的工作原理如图 1-2 所示：由信号源产生的无线电信号，经由射频功率放大器通过射频电缆将信号传送给发射天线，当按下电磁波发射(TX)开关按钮时，向空间发射电磁波，辐射出去的电磁波则作为实验测试信号。当无源感应器从远处逐渐向发射天线靠近时，会发现其二极管的亮度在逐渐增强，这是因为电磁场产生的交变电场在无源感应器中产生了电流，从而点亮了二极管，并且越靠近天线，产生的电流越大。位于导轨最右端的反射板在实验过程中将传播来的电磁波信号反射回去，与入射波在空间产生叠加效应。实验过程中，人眼可以很直观地观察到实验现象，并在计算机上读取相关实验数据。

通过本实验教学系统配置的无源感应器接收天线辐射到空间中的信号，可以直观地观察到包括电磁波的波腹、波节、波谷，以及电磁波的极化特征等传播特性。

通过本实验教学系统的拓展实验输出端口，能够实现包括传输线、微波、电磁兼容、谐振腔等覆盖“电磁场与电磁波”核心课程群的诸多实验，同时针对电磁波不同的应用领域，以“电磁场与电磁波”为核心，使学习者准确理解和掌握重要知识点。

本实验教学系统是关于电磁波教学过程开放性的综合实验平台，提供了开创“电磁场与电磁波”核心课程群所包含的不同课程的创新实验，充分满足了高校新工科培养教育的实验教学设计类、创新实验和实训要求，同时为教师提供了开发创新实验项目的新思路、形成创新设计类实验的新方法、形成新的教学成果的新方案，也极大地提高了学生对本课程的兴趣与热情。

1.3 实验教学系统的特点

本实验教学系统具有如下三大特点：

（1）理论与实践结合性强，是建立学生与知识互动，实验可视互动的实训创新平台。通过学生与本系统典型实验的互动操作，大幅提升学生开展创新实验项目和工程运用的能力，促进学生主动思考知识点，深刻消化理解重要知识点。通过拓展实验的创新设计过程，改被动学习为主动创新，发挥实验者的主观能动性，提升实验者的工程实践能力和动手创新能力。

（2）直接满足“电磁场与电磁波”及相关课程建设与改革的需要。本系统紧密配合“电磁场与电磁波”核心课程群教学大纲，使课堂环节与实验实训环节紧密结合，增强教师围绕教学改革并与新工科人才培养、卓越工程师培养目标相一致，以“电磁场与电磁波”课程为核心，不断创新开发新实验，形成不同课程新的教学成果的能力。

（3）实验内容的设置，将综合性、设计性与验证性融为一体，帮助学生建立一套电磁波的形象化思维方式，加深和加强学生对电磁波的产生、发射、传输、接收等过程及其相关特性的认识与理解。运用电磁波的传播特性，开展和开发包括“电磁兼容”“谐振腔测介电常数”“传输线理论”“微波参数”“天线”的多种课程的创新实验，培养学生分析和应用电磁波的能力。

1.4　实验教学系统的工作条件

工作电源:220 V ± 10% ,50 Hz ± 5% 。
环境温度:0 ~ 40 ℃ 。

1.5　实验教学系统的功能、主要性能及配置

1.5.1　功能

1.5.1.1　开展基础实验

(1) 电磁波及传播特性实验:
① 认识电磁波实验;
② 场矢量认知实验;
③ 位移电流验证实验;
④ 可视化电磁波感应器制作实验;
⑤ 辐射衰减规律实验;
⑥ 干涉法测量空间电磁波参量实验。
(2) 电磁波极化特性实验:
① 垂直极化电磁波实验;
② 水平极化电磁波实验;
③ 左旋圆极化电磁波实验;
④ 右旋圆极化电磁波实验;
⑤ 极化轴比实验。
(3) 电磁波反射与行驻波特性实验:
① 垂直极化波反射合成与行驻波特性实验;
② 水平极化波反射合成与行驻波特性实验;
③ 左旋圆极化波反射合成与行驻波特性实验;
④ 右旋圆极化波反射合成与行驻波特性实验。
(4) 电磁波辐射特性与天线实验:
① 半波对称振子天线实验;
② 环天线与极化认知实验;
③ 线天线结构影响辐射方向性的感知实验;

④ 八木定向天线设计实验；
⑤ 螺旋天线极化认识实验；
⑥ 法向模螺旋天线与轴向模螺旋天线辐射方向识别实验；
⑦ 天线增益测试实验；
⑧ 天线方向图测试实验。

1.5.1.2 支持拓展实验

(1) 电磁兼容(EMC)实验(含屏蔽效能实验)；
(2) 微波技术实验(含谐振腔实验、微波测量线实验)；
(3) 微扰法测量材料介电常数实验；
(4) 矢量网络分析仪与微波测量应用；
(5) 频谱仪与微波测量应用。

1.5.2 主要性能

(1) 工作频率范围:138 MHz ~4.5 GHz；
(2) 额定发射功率:32 dBm；
(3) 极化:极化可重构,包括垂直极化、水平极化、左旋圆极化、右旋圆极化；
(4) 输入阻抗:50 Ω；
(5) 电磁波感应灵敏度:10 mW；
(6) 接收动态范围:0 ~70 dB；
(7) 实验行程:1 000 mm；
(8) 实验云台:H 面 360°,E 面 360°；
(9) 射频接口:N-SMA 转接头；
(10) 显示器尺寸:10.2 英寸；
(11) 分辨率:1 366 ×768。

1.5.3 配置

(1) 主机(电磁波收发测试控制系统)；
(2) 实验操控应用系统:JMX-EMWLab V2.0；
(3) 无源发光电磁波感应器；
(4) 实验架轨；
(5) 发射组件；
(6) 反射组件；
(7) 云台组件；
(8) 可重构四极化宽带天线；
(9) 定向天线实验组件；

（10）谐振腔实验组件；
（11）测量线实验组件；
（12）电磁兼容实验组件；
（13）矢量网络分析仪测试实验组件；
（14）频谱测试实验组件。

1.6　仪器组装及部件连接

1.6.1　支架平台安装

打开支架总成包装箱，将所有仪器小心取出，平稳置于实验桌上。在操作系统机箱的左右两侧各有一个旋钮螺栓，将其旋转取下。用紧固螺钉将两个支撑臂分别安装固定在导轨的背后，并用改刀旋紧紧固螺钉，然后将支撑臂孔与操作系统两侧的旋孔相对应，用取下的旋钮螺栓穿过该孔，旋紧旋钮，使其保持固定不动。具体操作见图 1-3。

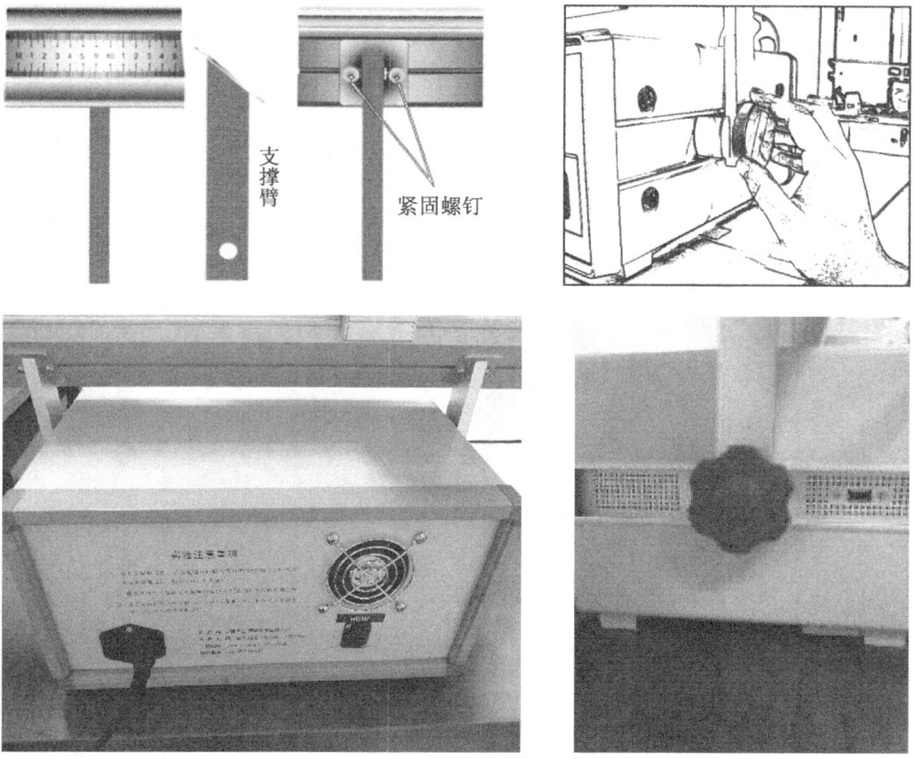

图 1-3　支架平台安装示意图

1.6.2 云台安装

分别取出方位角云台、俯仰角云台总成。具体安装步骤如下：

（1）将方位角云台底板（凹板）对准架轨中间滑块上的快装板（凸板），旋紧架轨中间滑块上的锁紧旋钮，锁紧方位角云台。

（2）将方位角云台总成下边的支臂中孔对准方位角云台的轴，用云台锁紧螺钉压住俯仰角下边支臂。

（3）选择调整俯仰角云台至适合实验的位置，锁紧俯仰角云台定位螺钉。

（4）利用铜线设计制作实验使用的感应器（即接收天线），用塑料将制作好的感应器嵌入感应器支架，并用感应器定位螺钉固定。

云台具体结构如图 1-4 所示。

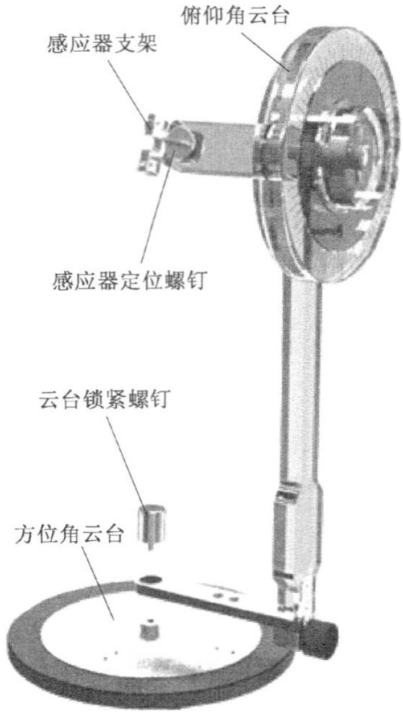

图 1-4　云台安装

1.6.3 实验部件连接

1.6.3.1 发射天线定位杆装配

取出本系统配置的天线定位杆（较长的一支），用定位杆底部的螺纹旋入架轨左端的固定滑块中间的孔中，适当旋紧定位杆，避免摇晃。

1.6.3.2 射频连接头（N-SMA）输入、输出端口装配

在实验配件盒中找到并取出 N-SMA（见图 1-5），分别与本系统图 1-1 所示机箱面板左下角的射频放大输出端口（RFA-out）和机箱面板右下角的射频输入端口（RF-in）紧固连接。

图 1-5　N-SMA

1.6.3.3 射频电缆连接

取出高频连接电缆，分别将电缆两端 SMA 连接到发射天线和仪器前面板的 N 型连接器（RF-out）。反复确认电缆两端 SMA 连接线器与发射天线和仪器输出端 N 型连接器（RF-out）可靠连接后，连接仪器背面的电源线，如图 1-6 所示。

图 1-6　射频电缆连接

1.6.3.4　发射天线连接

取出四极化发射天线(见图 1-7),将其插入已经装配好的发射天线定位杆中,使其辐射面垂直于导轨方向,锁紧固定螺钉。四极化发射天线背面有四个 SMA 连接头(分别标为 A,B,C,D),分别代表垂直极化、水平极化、左旋圆极化、右旋圆极化这四种电磁波辐射状态。

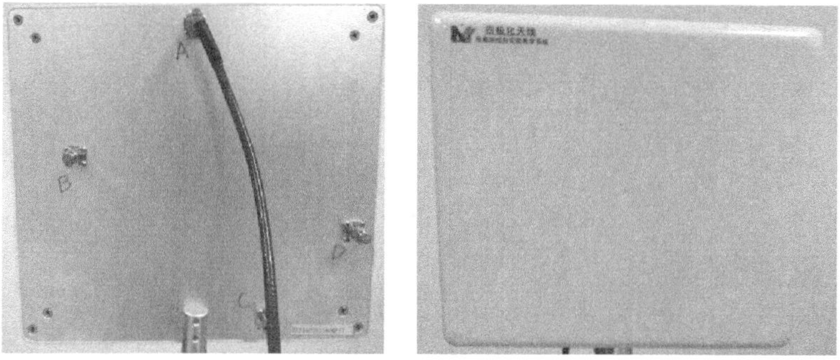

图 1-7　四极化发射天线

注 意

将系统面板左侧(RFA-out)的射频放大信号连接到四极化发射天线的任意一个端口时,务必将其他三个未使用的 SMA 端口用短路负载全部封堵。

1.6.3.5　无源感应器连接

如图 1-8 所示,半波对称振子是本系统实验配备的标准感应器(天线),IPEX 极细信号采集电缆小头端与半波对称振子感应器中心的 IPEX 电缆锁扣紧密扣接,IPEX 极细信号采集电缆的另一端 SMA 头与本系统面板右下角的(RF-in)N-SMA 头连接。

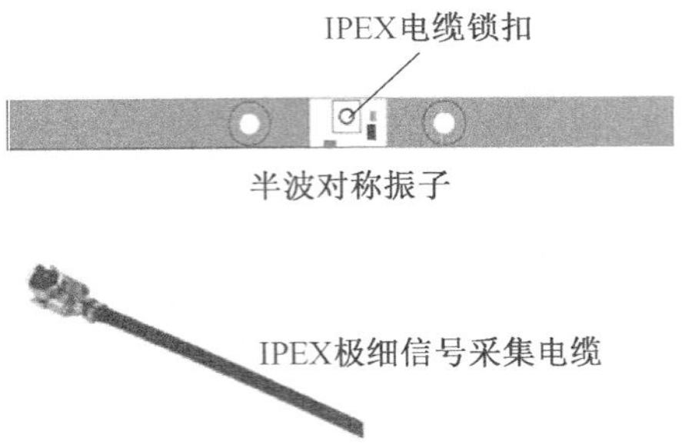

图 1-8　半波对称振子与 IPEX 极细信号采集电缆

1.6.3.6　系统电源连接

在反复确认上述连接牢固可靠的情况下，将电源线插头与本系统背面左下角插座连接，确认电源供电正常，电源线连接可靠后，打开本系统电源插座旁的电源开关，完成实验前的准备。

注　意

在未完成上述所有连接之前，切勿连接电源并打开，以免使实验系统受损。

1.7　操作规范

(1) 确认发射天线已经架设在系统支架上后，在面板上选定配置好实验的辐射极化方式，并将射频电缆的一端 SMA 头与四极化发射天线背面的四个 SMA 连接头之一牢固连接，而其他没有使用的 SMA 连接头用短路负载全部牢固封堵。

(2) 将射频电缆的另一端 SMA 头连接 N-SMA 转接头，N-SMA 转接头与主机上的 RFA-out 端口通过螺纹建立可靠连接，反复确认射频电缆上的 SMA 头与天馈系统和主机已经建立牢固可靠的连接。

(3)连接仪器背面的电源线，打开电源开关，轻按面板上的 Switch 启动开关，电源开关显示灯亮起，启动主机，耐心等待一段时间后，主机进入本系统实验操作主界面(见图 1-9)。

(4)根据主界面显示的实验模块选项，使用触屏或者鼠标点击选择即将进行的实验项目，进入实验界面。实验操作界面布局包括以下六个部分(见图 1-10)：

① 知识框(1)：点击该框中的各个选项，会逐一显示与实验相关的各个知识点的具体内容，便于学生理解与掌握。

② 公式栏(2)：该栏会显示本实验所使用的相关实验公式，使学生在实验过程中更好

地理解与把握公式中各个变量的物理意义。

③ 设置操作栏(3):不同的实验项目对应不同的参数设置,在该栏中可以做相应的初始化工作,并对实验数据进行采集。

④ 数据栏(4):将采集的数据以表格的形式显示出来。在设置操作栏中每点击一次"采集"按钮,界面右侧的数据栏就会更新一次相应的客观数据表。

⑤ 图形显示框(5):将采集到的实时客观数据以图形的形式显示出来。

⑥ 实验结果区(6):将最终的实验结果显示出来。

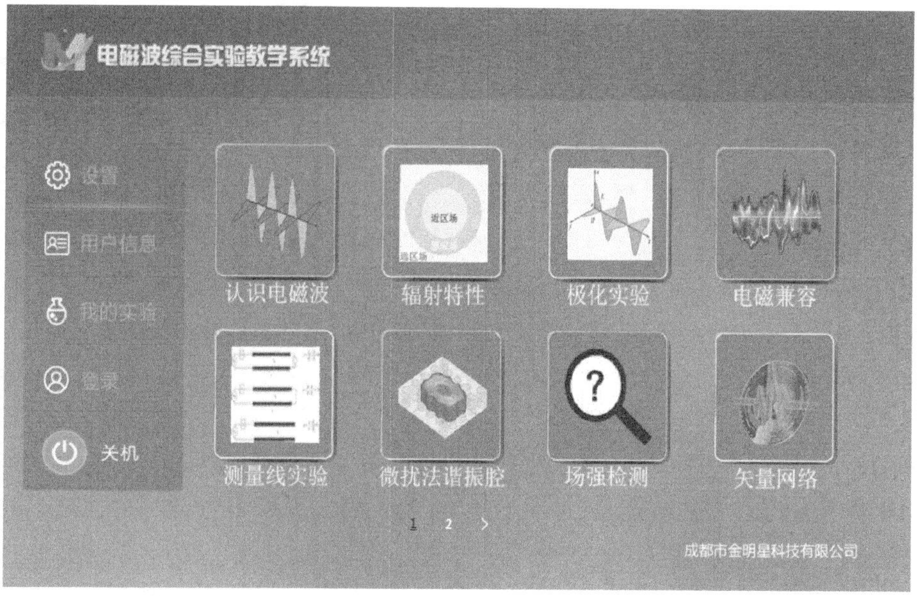

图 1-9　系统主界面

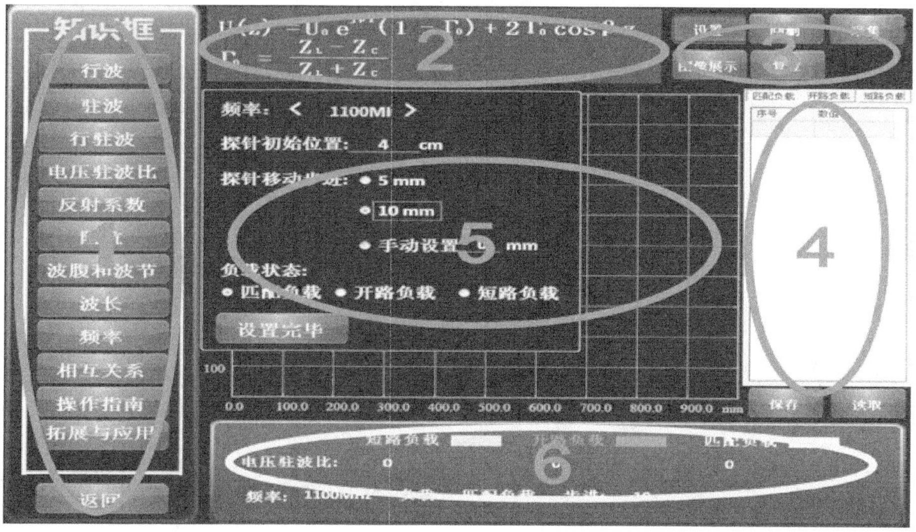

图 1-10　实验界面

(5) 按照菜单触屏或者鼠标单击选择实验类型,根据实验要求设置实验项目参数。

(6) 按下本系统主机上的电磁波发射开关(TX)时,天馈系统将向空间发射射频放大信号,并向空间发射电磁波信号。

(7) 本系统内置有场强检查功能,当按下 TX 发射按钮时,发射按钮自带的指示灯(黄色)随即点亮,同时向空间发射电磁波信号。当面板右下角的 RF-in 端口与无源感应器(天线)连接后,系统将自动检测无源感应器距离发射天线不同位置时的场强大小,并自动记录无源感应器在不同的摆放姿态和距离发射天线不同位置情形下的电场强弱变化轨迹。

(8) 支架平台提供的两个可左右滑动的支架滑块,用于不同实验安装反射板或测试天线等器件。在支架平台的左右两端各有一个摇动手柄(顺时针向右移动、逆时针向左移动),可以控制支架滑块向左或向右移动,实现位置的调节。

(9) 架轨平台提供的方位角云台和俯仰角云台,通过手动旋转可以调节云台角度,改变无源感应器的摆放姿态,进行与知识点相匹配的极化实验、天线实验等。

(10) 架轨最右端的滑块上,可以随时更换使用不同介质制作的反射板,开展不同介质的透射实验、迈克尔逊干涉实验,测量电磁波的波长、频率,计算电磁波的传播速度。

(11) 进行传输线实验、谐振腔微扰法测介电常数实验、电磁兼容(EMC)实验等实验项目时,卸下系统面板右下方的短路连接电缆(见图 1-11),将端口(RF-out)作为输出口,通过射频电缆的 SMA 连接头与传输线等其他实验项目的硬件模块输入端连接,通过点击相关实验模块中的“采集”按钮(或扫频)选项,采集输入信号,再由计算机将采集的信号绘制成轨迹图像,并对图像信号进行归纳分析。

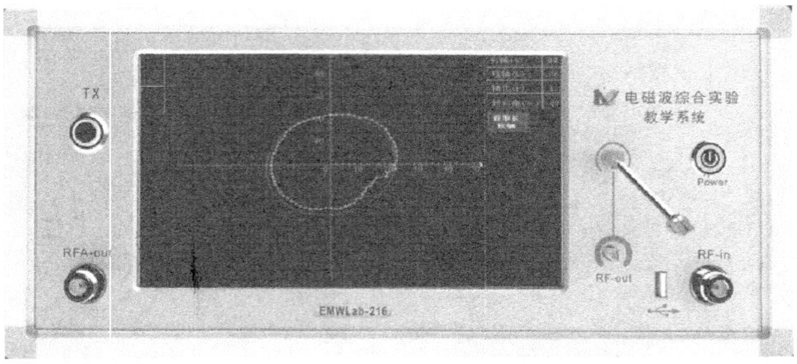

图 1-11　短路连接电缆

1.8　无源感应器的制作与使用

1.8.1　制作

感应器的制作过程极为简单。感应器主要包含感应器基板和铜丝两个部分。感应器基板的两端各有一个圆孔，中间是一个微功率白炽灯（作接收感应器），将铜丝折成不同的形状结构（如平行线状、喇叭状、对称形、菱形等），用螺栓将铜丝紧固在基板上，一个简易的无源感应器就制作完成了。具体示例如图 1-12 所示。

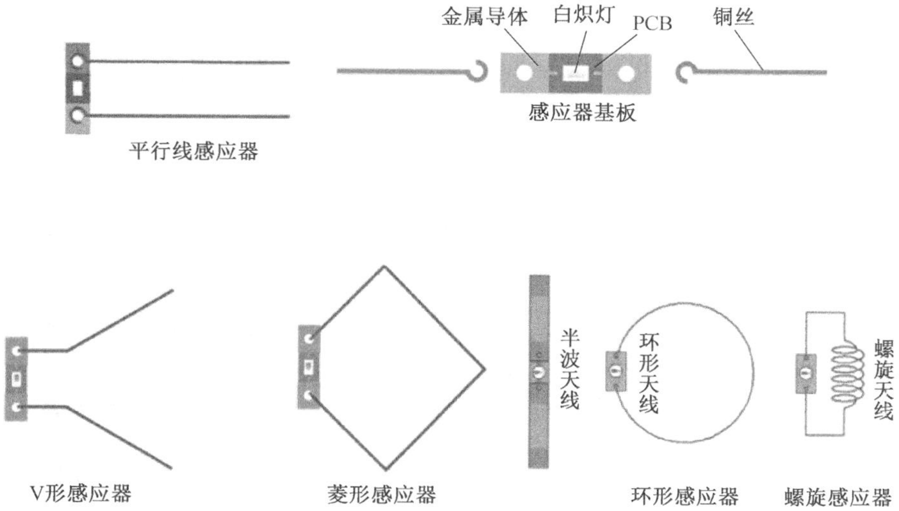

图 1-12　简易无源感应器示例

1.8.2　使用

感应器使用操作易于上手：根据不同情形，利用微功率白炽灯、铜丝制作成各种线性天线，将由感应器组成的感应天线放置在空间电磁波中，能够产生高频电流，从而点亮感应器中的微功率白炽灯，由白炽灯的亮度可以判断感应器所处环境中的电流大小。微功率白炽灯的亮度与多种因素有关，包括天线的发射频率、制作天线的增益、感应器与发射天线之间的距离等。

注　意

① 当使用白炽灯作为接收感应器时，白炽灯与发射天线的距离要适当，亮度不能过大，否则感应电流太强会烧毁感应器上的指示灯；② 当使用电流表作为指示器时，电流表与发射天线的距离也要适当，使电流表指示不超过量程。

1.9　输出负载的要求

按下面板上的 TX 发射按钮时，端口必须接有负载。若负载是天线，需确保天线的工作频率和驻波系数事先已经过测量，并且符合仪器发射信号指标方可使用。暂时未使用的其他三个端口,需反复确认已用可短路负载全部封堵,以防止错误操作损坏仪器。

1.10 注意事项

(1) 安装使用本实验教学系统前,应仔细阅读上述说明。

(2) 本实验教学系统使用完毕后,切记按照操作界面提示关闭计算机,长期不使用时,应关掉主机背面的电压开关。

(3) 本系统实验内容的更新,请及时关注“电磁场与电磁波”教研组的相关通知。

(4) 本实验教学系统需注意防潮、防腐。

(5) 本实验教学系统需远离腐蚀性气体和液体,以避免加速内部电子元件老化。

(6) 不要试图拆开本实验教学系统的主机。

(7) 不要敲打或振动本实验教学系统,粗暴地对待本系统会导致内部电路板毁坏,影响正常功能的使用。

第 2 章

认识电磁波

2.1 实验目的

（1）正确认识和理解电场强度公式，牢固建立电磁波的时空观。

（2）认识了解电磁波的空间相位、时间相位及初始相位。

（3）掌握波长、频率、周期等物理名词的含义及其相互间的关系。

（4）了解电磁波的产生原理。

（5）了解电磁波的特性。

2.2 实验器材

JMX-EMWLab 电磁波综合实验教学系统。

2.3 实验原理

2.3.1 电磁波的电场强度

电磁波的电场强度公式如下所示，它是一个与位置和时间相关的函数。

$$\vec{E}(r,t)=\vec{E}_{\mathrm{m}}\times\cos(\omega t-kr+\phi)$$

上述公式中，每个符号都有其特定的含义，其中，$\vec{E}_{\mathrm{m}}$ 表示电场强度的幅度，ω 表示电磁波的角频率，t 表示时间，k 表示波数，r 表示空间位置，ϕ 表示电磁波的初始相位。ωt 表示时间相位，kr 表示空间相位。

2.3.2 相关物理名词的含义

(1) 波长 λ:空间相位变化 2π 所经过的距离称为波长,用来描述相位随空间的变化特性。

(2) 周期 T:时间相位变化 2π 所经历的时间称为周期。

(3) 频率 f:在 1 s 内变化 2π 的次数称为频率,用来描述相位随时间的变化特性。频率与周期呈倒数关系。

(4) 电磁波方向:当时间和空间均发生变化时,电磁波沿着空间相位逐渐减小的方向。

(5) 波速 v:电磁波波阵面移动的速度。

(6) 波数 k:一个相位周期(即 2π)内所包含的波长的个数,用来衡量单位长度内具有的全波数。

2.3.3 电磁波的产生原理

由麦克斯韦的电磁场理论可知,变化的电场产生变化的磁场,变化的磁场产生变化的电场,变化的电场与变化的磁场之间相互依赖、相互激发,交替产生,并以一定的速度由近及远地向空间传播出去,这样就产生了电磁波。

2.3.4 电磁波的特性

(1) 电磁波是横波,电磁波中的电场、磁场与传播方向三者相互垂直。

(2) 在波场区,电场强度 $\vec{E}$ 与磁场强度 $\vec{H}$ 的振动相位相同。

(3) 电场强度与磁场强度的振动状态以相同的波速向前传播。

(4) 电磁波的频率等于振荡偶极子的振动频率。

2.4 实验内容

(1) 根据电场强度公式,自主设定场强幅度、角频率、波数及初始相位的大小。

(2) 固定时间 t(令 t 为常数),观察电磁波在空间不同位置处的场强分布情况。

(3) 固定空间位置 r(令 r 为常数),观察电磁波场强随时间的变化情况。

(4) 当时间 t 和空间位置 r 均发生连续变化时,观察电磁波传播的空间动态分布情况。

(5) 改变场强幅度的大小,重新进行(2) ~ (4)的内容。

(6) 改变波数的大小,重新进行(2) ~ (4)的内容。

(7) 改变初始相位的大小,重新进行(2) ~ (4)的内容。

2.5　实验步骤

（1）检查设备，打开电磁波综合实验教学系统的电源开关和系统开关（Power）。

（2）点击系统主界面上的“认识电磁波”实验模块，进入实验界面，如图 2-1 所示。

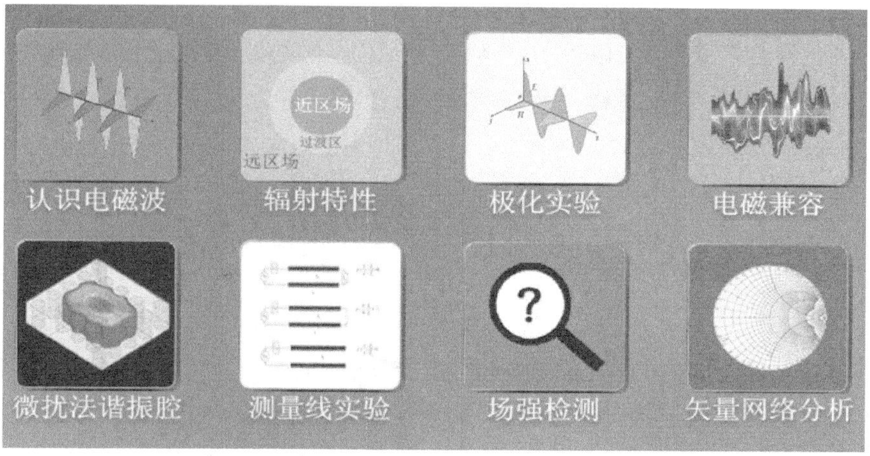

(a) 系统主界面

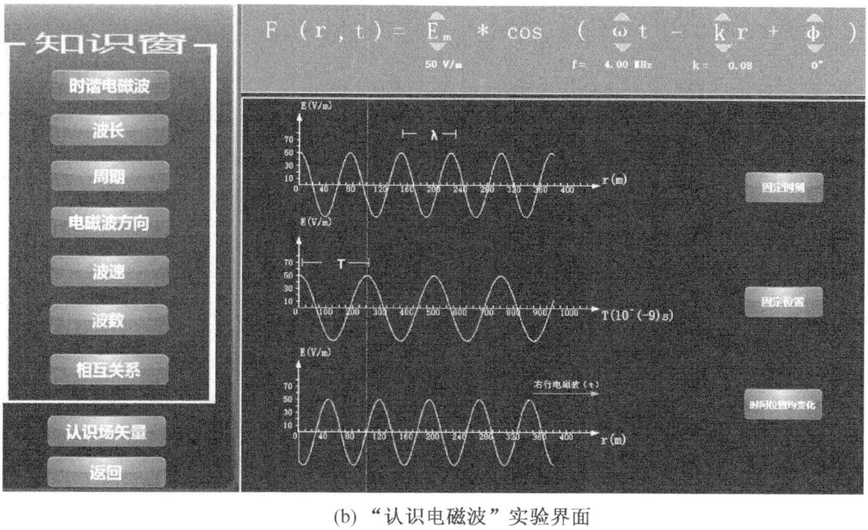

(b) “认识电磁波” 实验界面

图 2-1　实验界面

（3）记录当前公式栏中的实验公式中各物理变量（场强幅度、角频率、波数及初始相位）的初始值，观察波形并记录数据。

（4）触屏或鼠标点击公式中各变量的上下箭头，分别改变场强幅度、角频率、波数及初始相位的初始值，重复步骤（3）的内容。

(5) 实验结束，整理并归位实验物品，关闭系统电源。

2.6 实验结果记录

(1) 画出初始值条件下，分别固定时间、固定空间位置及时间和空间位置均变化三种情形下的波形图，并在图形下方或一侧说明各个变量的值。

(2) 画出改变场强幅度、角频率、波数及初始相位的初始值后，分别固定时间、固定空间位置及时间和空间位置均变化三种情形下的波形图，并在图形下方或一侧说明各个变量的值。

2.7 实验结果讨论

(1) 分析固定时间时，波长与场强幅度的变化趋势。

(2) 分析固定空间位置时，周期与场强幅度的变化趋势。

(3) 分析时间和空间位置均发生变化时，波长与场强幅度的变化趋势。

(4) 根据物理名词的含义，分析并写出波长、周期、频率、波速、波数等物理量之间的变换关系式。

2.8 总结及心得体会

根据本次实验实际操作，总结实验过程中出现的问题，并描述是如何解决该问题的，以及从本次实验中学到了什么。字数不得少于 100 字。

2.9 实验报告要求

(1) 详细记录观察到的实验结果。

(2) 将实验数据在所绘制的波形直角坐标图中明确标注出来。

(3) 将实验结论分析结果按固定时间、固定空间位置及时间和空间位置均变化三种情况分别给出。

(4) 标注每个波形的产生条件。

(5) 完整写出整个实验过程，按时上交。

第 3 章

认识场矢量实验

3.1 实验目的

（1）了解认识场矢量。

（2）了解电场强度矢量$\vec{E}$、磁场强度矢量$\vec{H}$、波印廷矢量$\vec{S}$,以及三者之间的关系。

（3）了解如何判断电场与磁场的大小与方向。

3.2 实验器材

JMX-EMWLab 电磁波综合实验教学系统、半波对称振子天线、小改刀、云台、架轨、射频电缆。

3.3 实验原理

矢量(vector)是一种既有大小又有方向的量,又称为向量。一般来说,在物理学中称作矢量,如位移、速度、加速度、力、力矩、动量、电场强度、磁场强度、磁矩、电流密度等都是矢量。舍弃其实际含义,可以抽象为数学中的概念——向量。矢量是数学、物理学和工程科学等多个自然科学中的基本概念,指一个同时具有大小和方向的几何对象,因常以箭头符号标示以区别于其他量而得名。直观上,矢量通常被标示为一个带箭头的线段,线段的长度可以表示矢量的大小,而矢量的方向就是箭头所指的方向。如果给空间的每一个点所赋予的“量”既有大小又有方向,即矢量,那么整个空间就变成充满了矢量,这个场就叫作矢量场。

电场强度$\vec{E}$是场矢量,利用电磁波的传播特性,向空间辐射一规定极化方向的电磁波，在空间就会形成与极化电磁波方向一致的电场，这种空间电场的大小与方向一般是随时间和空间位置的变化而变化的，单位为伏特每米（V/m）或者牛顿每库伦（N/C）。反之，变化的电场又产生变化的磁场，二者相互激发，交替产生，并向空间不断传播。因此，磁场强度$\vec{H}$也是一个场矢量，其大小、方向也随时间和空间位置的变化而变化，单位为安培每米（A/m）。

波印廷矢量$\vec{S}$又叫能流密度矢量，公式为

$$\vec{S}=\vec{E}\times\vec{H}$$

表示单位时间内流过与电磁波传播方向相垂直的单位面积上的电磁能量，方向由$\vec{E}$和$\vec{H}$按照右手螺旋定则确定，即电磁能量流动的方向，单位为瓦每平方米（W/m^2）。

3.4 实验内容

（1）固定云台在架轨上距离四极化发射天线的位置，保持方位角云台角度不变，按采样点距改变俯仰角云台的角度，对电磁波进行数据采集。

（2）固定云台在架轨上距离四极化发射天线的位置，保持俯仰角云台角度不变，按采样点距改变方位角云台的角度，对电磁波进行数据采集。

（3）固定半波对称振子天线在空间的角度，按采样点距改变云台在架轨上的位置，对电磁波进行数据采集。

3.5 实验步骤

（1）打开电磁波综合实验教学系统的电源开关和系统开关，点击系统主界面上的“认识电磁波”实验模块，再点击“认识场矢量”，进入实验操作界面。

（2）从实验配件盒中取出半波对称振子天线，用固定螺丝将其紧固在俯仰角云台中心。

（3）将 IPXE 极细射频电缆的 IPX 端与半波对称振子天线馈电点扣接。

（4）将 IPXE 极细射频电缆的 SMA 端与系统右下角输入端 RF-in 连接，如图 3-1 所示。

（5）将测试云台置于架轨 25 ~ 35 cm 处。

（6）点击实验内容界面的“设置”键，设置频率、采集方式及采集点距三个参数的值，其中采样频率的值设为 1 000 MHz，如图 3-2 所示。

（7）按下电磁波发射开关 TX，向空间辐射电磁波。

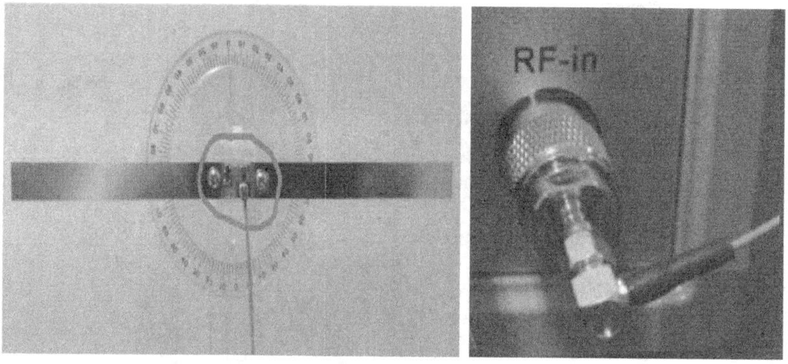

图 3-1　极细射频电缆、半波对称振子及系统间的连接

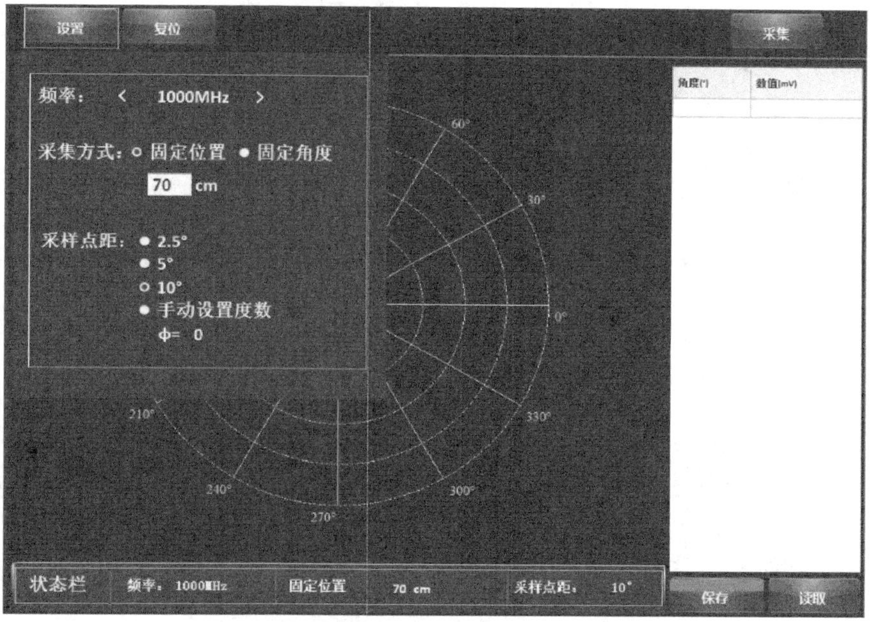

图 3-2　实验参数设置

（8）"固定位置"时：云台在架轨上保持相对静止，按照设置的采样点距转动半波对称振子天线，改变其空间角度并采集读数。

（9）"固定角度"时：设置半波对称振子天线固定角度的度数，按照设置的采样点距移动方位角云台并采集读数。

3.6　实验案例

保持采样频率为 1 100 MHz 默认值不变。

（1）设置采集方式为"固定位置"，将云台固定在架轨 30 cm 处，采样点距为 10°，保持方位角云台角度不变,改变俯仰角云台的角度,采集数据。实验结果如图 3-3 所示。

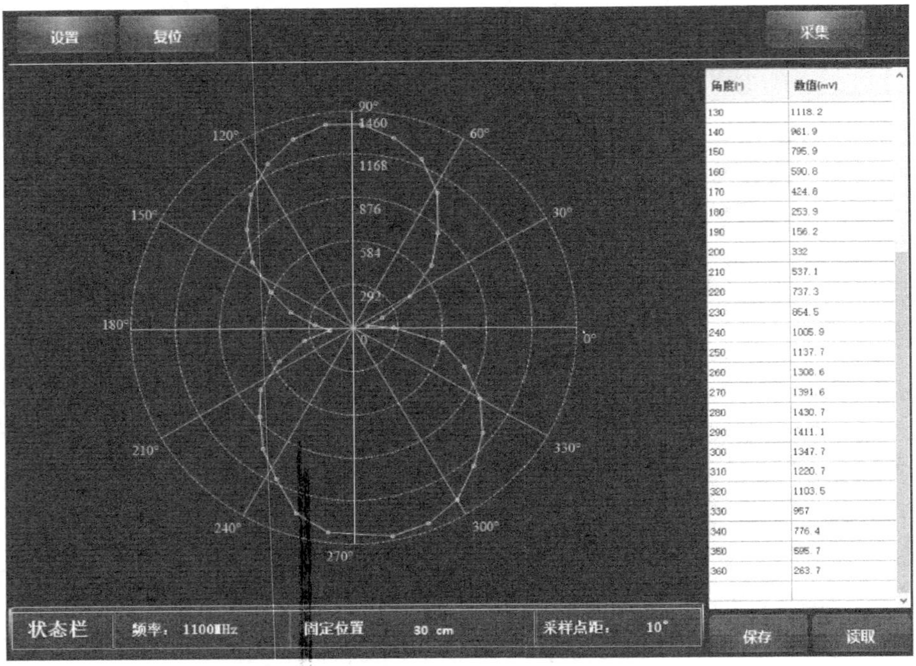

图 3-3　实验结果 1

(2) 设置采集方式为“固定位置”,将云台固定在架轨 30 cm 处,采样点距为 10°,保持俯仰角云台角度不变,改变方位角云台的角度,采集数据。实验结果如图 3-4 所示。

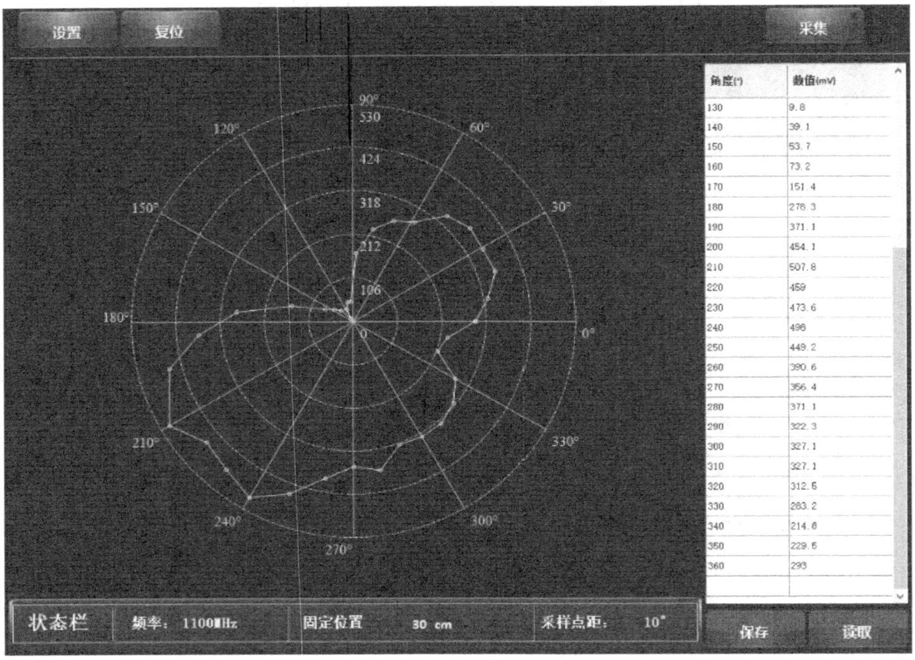

图 3-4　实验结果 2

（3）设置采集方式为“固定角度”，固定角度值 $\alpha=0°$，将云台初始位置固定在架轨 20 cm 处，采样点距为 1 cm，保持方位角云台角度和俯仰角云台角度不变，采集数据。实验结果如图 3-5 所示。

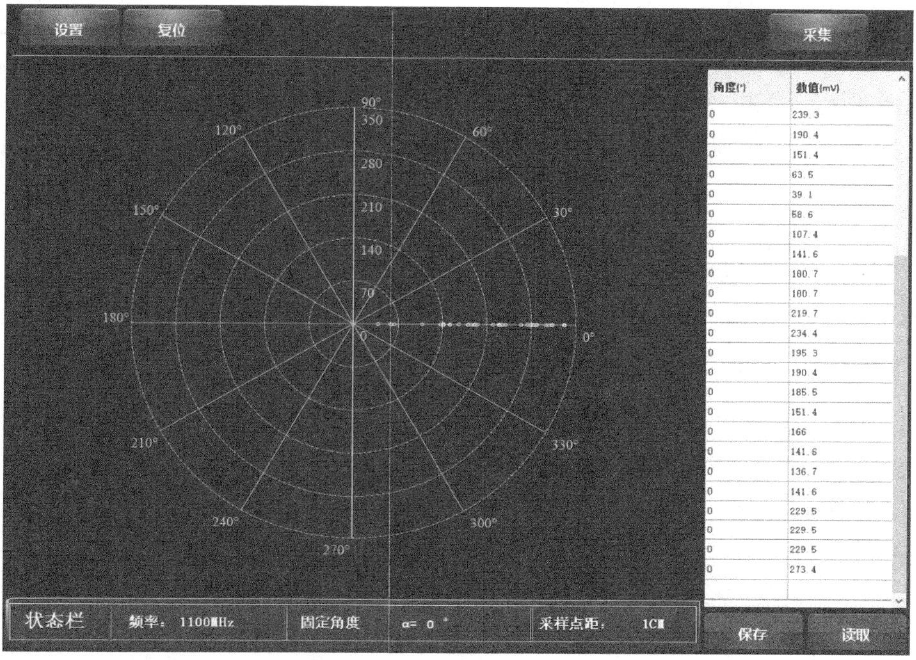

图 3-5　实验结果 3

3.7　实验结果记录

（1）画出固定位置，改变俯仰角度数时的圆图，并在一侧附上相应点的采样值。

（2）画出固定位置，改变方位角度数时的圆图，并在一侧附上相应点的采样值。

（3）画出固定角度，改变云台与四极化发射天线的距离时的圆图，并在一侧附上相应点的采样值。

3.8　实验结果讨论

（1）固定位置，改变俯仰角度数时，根据采样点在圆图上的变化，能得出什么结论？

（2）固定位置，改变方位角度数时，根据采样点在圆图上的变化，能得出什么结论？

（3）固定角度，改变云台与四极化发射天线的距离时，根据采样点在圆图上的变化，能得出什么结论?

3.9 总结及心得体会

根据本次实验实际操作,总结实验过程中出现的问题,并描述是如何解决该问题的,以及从本次实验中学到了什么。字数不得少于100字。

3.10 实验报告要求

(1) 详细记录观察到的实验结果。

(2) 将实验图形在报告中清晰工整地绘制出来,并将每个采样点的数值以表格的形式给出。

(3) 将实验结论分析结果按3.7中(1)(2)(3)的顺序给出。

(4) 完整写出整个实验过程,按时上交。

第 4 章

位移电流验证实验

4.1 实验目的

（1）了解认识无源感应器结构。

（2）了解 JMX-EMWLab 电磁波综合实验教学系统的主要结构。

（3）正确理解法拉第电磁感应定律。

（4）了解认识位移电流的基本概念及其本质。

（5）理解电磁波辐射原理。

（6）认识时变电磁场。

（7）理解电磁感应的原理及应用。

4.2 实验器材

JMX-EMWLab 电磁波综合实验教学系统、金属丝、小改刀、无源感应器、四极化发射天线、射频电缆。

4.3 实验原理

（1）电磁波是横波，电磁波的磁场、电场及其传播方向三者互相垂直，振幅沿传播方向的垂直方向作周期性交变，其强度与距离的平方成反比。众所周知，点亮白炽灯需要有电流流过白炽灯，白炽灯所连接的电路两端不但要有电压，而且电路要处于闭合状态。实验中选用的无源感应器，并没有形成闭合电路，但是当向空间发射电磁波时，将已经做好的半波天线感应器置于电磁波中，由电磁波产生的交变电场就能够在半波天线感应器中产生电流，从而点亮无源感应器中的白炽灯。变化的电场就相当于电流,能够输送和传递能量。

(2) 法拉第电磁感应定律也叫电磁感应定律。电磁感应现象是指因磁通量变化而产生感应电动势的现象。例如,闭合电路的一部分导体在磁场中做切割磁感线运动时,导体中就会产生电流,产生的电流称为感应电流,产生的电动势(电压)称为感应电动势。其数学表达式为

$$e_i = \frac{\mathrm{d}\psi}{\mathrm{d}t}$$

其中,ψ 是穿过导体回路的磁链,对于密绕线圈,$\psi = N\Phi$。

电磁感应定律中电动势的方向可以通过右手定则和楞次定律两种判定方法确定。右手定则:伸平右手使拇指与四指垂直,手心向着磁场的 N 极,拇指的方向与导体运动的方向一致,四指所指的方向即导体中感应电流的方向(感应电动势的方向与感应电流的方向相同)。楞次定律:感应电流的磁场要阻碍原磁通的变化。简而言之,磁通量变大,产生的电流有让其变小的趋势;磁通量变小,产生的电流有让其变大的趋势。

(3) 位移电流是电位移矢量随时间的变化率对曲面的积分。英国物理学家麦克斯韦首先提出这种变化会产生磁场的假设,并称其为"位移电流"。在电磁学中,位移电流(displacement current)被定义为电位移通量 $\Phi_{\mathrm{d}}(t)$ 对于时间的变化率,即

$$I_D = \frac{\partial}{\partial t}\iint_S D \cdot \mathrm{d}S = \frac{\mathrm{d}}{\mathrm{d}t}[\Phi_{\mathrm{d}}(t)]$$

位移电流的单位与电流的单位相同,在 SI 单位制中单位为安培(A)。如同真实的电流一样,位移电流也会产生磁场。但是,位移电流并不是移动的电荷所形成的电流,而是电位移通量对于时间的偏导数,因此,它不具有传导电流所具有的其他效应,比如焦耳热效应和化学效应。继电磁感应现象被发现之后,麦克斯韦的这一假设更加深入地揭示了电现象与磁现象之间的联系。位移电流也是建立麦克斯韦方程组的一个重要依据。

4.4 实验内容

(1) 用大拇指和食指以不同的拿捏方式,将无源带灯感应器电路板逐渐向四极化发射天线靠近。

(2) 将实验配件盒中的漆包线用螺钉固定在感应器板两侧,再次用大拇指和食指以不同的拿捏方式,将无源带灯感应器电路板逐渐向四极化发射天线靠近。

4.5 实验步骤

(1) 打开电磁波综合实验教学系统的电源开关和系统开关,点击系统主界面上的"辐

射特性”实验模块，进入实验界面，完成主机的待实验状态。

（2）从实验配件盒中取出无源带灯感应器电路板，并用大拇指和食指分别以图 4-1 所示的三种方式拿捏住无源带灯感应器电路板。

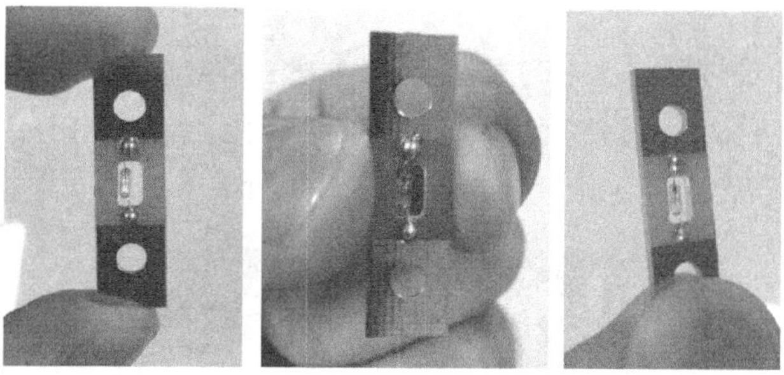

(a)　　(b)　　(c)

图 4-1　无源带灯感应器电路板的拿捏方式

（3）将无源带灯感应器电路板缓慢向四极化发射天线靠近，观察电路板上白炽灯的亮度变化，比较无源带灯感应器电路板在不同拿捏方式下，其上白炽灯的亮度的明暗变化。

（4）用直径 d 为 1 mm 的漆包线两根，取长度为 8 cm 的一段，刮去漆包线一端约 10 mm 长的绝缘漆，并用尖嘴钳在刮漆端做一圆（直径约 3 mm）耳朵，（或用螺钉）固定在感应器板两端。

（5）将射频电缆一端与面板左下端 RFA-out 下的 N 型头可靠连接，另一端与四极化发射天线的射频输入口（SMA 中的 A，B，C，D）中的一个端口可靠连接，未连接射频电缆的三个端口用 50 Ω 电阻型负载短路封堵。

（6）轻按主机面板右上角的电源开关，打开主机，进入实验主界面。

（7）按面板左上角的电磁波发射开关 TX 按钮，通过天线向空间发射电磁波。

（8）用大拇指和食指捏住无源带灯感应器电路板的两侧，将其置于距离四极化发射天线发射面 15 cm 以外，观察无源带灯感应器电路板的变化；将无源带灯感应器电路板逐渐远离发射天线，观察感应器上白炽灯的明暗变化，记录观察到的现象，用电磁理论解释观察结果，并写出实验报告。

注　意

① 按下 TX 按钮时，若感应器上白炽灯不亮，应立即停止发射，检查射频电缆两端是否分别与发射天线和主机面板左下角的 N 型头（RFA-out）通过 SMA 连接牢固（或请老师帮助检查），否则会损坏仪器；② 测试感应器时，不能将感应灯距离发射天线太近，否则会烧毁感应灯（具体视发射频率而定）；③ 尽量减少按下 TX 按钮的时间，以免影响其他小组的测试准确性；④ 测试时尽量避免人员走动，以免人体反射影响测试结果。

4.6 实验案例

首先，取出无源带灯感应器电路板，分别以上述三种拿捏方式将无源带灯感应器电路板向四极化发射天线靠近，观察其上白炽灯的明暗变化，结果如图 4-2 所示（左边为远离发射天线，右边为靠近发射天线）。

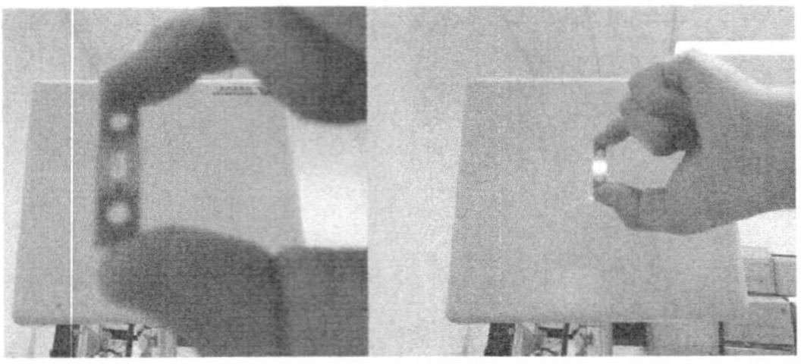

(a)

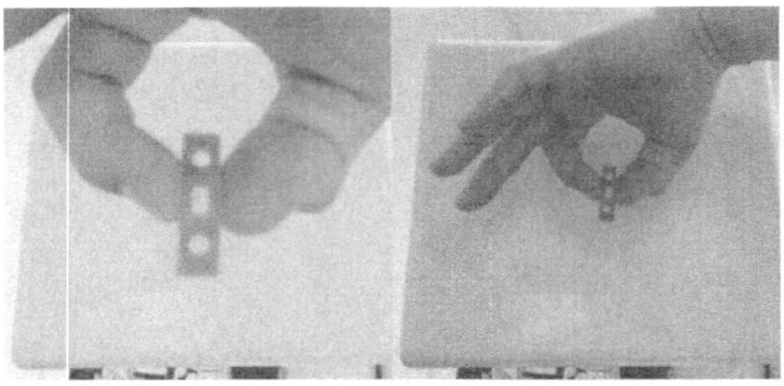

(b)

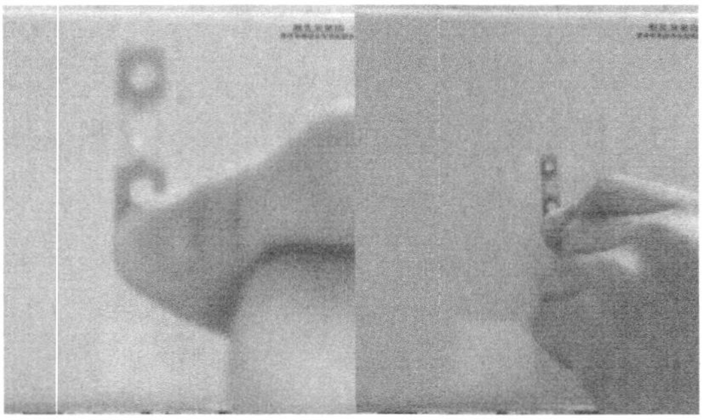

(c)

图 4-2 实验结果

从上述三幅图可以看出，当无源带灯感应器电路板远离四极化发射天线时，白炽灯均没有亮起；当无源带灯感应器电路板靠近四极化发射天线时，只有以图 4-2a 中的拿捏方式使无源带灯感应器电路板靠近四极化发射天线，白炽灯才会亮起，而以其他两种拿捏方式靠近四极化发射天线，白炽灯均无亮度变化。

4.7　实验结果记录

（1）大拇指与食指捏住无源带灯感应器电路板两端，逐渐靠近和远离发射天线时，白炽灯的明暗变化。

（2）大拇指与食指捏住无源带灯感应器电路板中间，逐渐靠近和远离发射天线时，白炽灯的明暗变化。

（3）大拇指与食指捏住无源带灯感应器电路板一端，逐渐靠近和远离发射天线时，白炽灯的明暗变化。

（4）将金属丝制作的圆耳朵用螺钉固定在电路板上，大拇指与食指捏住无源带灯感应器电路板两端（手指不接触金属丝），靠近和远离发射天线时，白炽灯的明暗变化。

（5）将金属丝制作的圆耳朵用螺钉固定在电路板上，大拇指与食指捏住无源带灯感应器电路板两端（手指接触金属丝），靠近和远离发射天线时，白炽灯的明暗变化。

（6）将金属丝制作的圆耳朵用螺钉固定在电路板上，大拇指与食指捏住无源带灯感应器电路板中间，靠近和远离发射天线时，白炽灯的明暗变化。

（7）将金属丝制作的圆耳朵用螺钉固定在电路板上，大拇指与食指捏住无源带灯感应器电路板一端（手指不接触金属丝），靠近和远离发射天线时，白炽灯的明暗变化。

（8）将金属丝制作的圆耳朵用螺钉固定在电路板上，大拇指与食指捏住无源带灯感应器电路板一端（手指接触金属丝），靠近和远离发射天线时，白炽灯的明暗变化。

4.8　实验结果讨论

（1）电路板上没有固定金属丝时，不同的拿捏方式带来的白炽灯不同明暗变化是什么原因造成的？

（2）电路板上固定金属丝时，不同的拿捏方式带来的白炽灯不同明暗变化又是什么原因造成的？

（3）位移电流是因为什么而产生的？

（4）位移电流的本质是什么？

（5）位移电流与传导电流二者之间的区别是什么？

（6）变化的电场是如何引起位移极化的？

（7）根据电磁感应特性，可以实现什么，或者说有哪些实际应用？

（8）感应板中的白炽灯没有看见回路，点亮灯的电流从哪里来，到哪里去？

4.9 总结及心得体会

根据本次实验实际操作，总结实验过程中出现的问题，并描述是如何解决该问题的，以及从本次实验中学到了什么。你觉得电磁感应特性在日常生活中可以有哪些应用？字数不得少于150字。

4.10 实验报告要求

（1）详细记录观察到的实验结果。

（2）描述电磁波能量传递过程。

（3）对实验结果进行讨论分析，按照标准实验报告的格式完整写出整个实验过程，并按时上交实验报告。

第 5 章

电磁波感应器的设计与制作

5.1 实验目的

（1）认识时变电磁场，理解电磁感应的原理和作用。

（2）通过电磁感应装置的设计，初步了解天线的基本结构及其具有能量转换器的特性。

（3）理解掌握电磁波辐射原理。

（4）了解学习电磁波感应器是如何制作的。

（5）理解掌握法拉第电磁感应定律。

（6）了解认识电偶极子。

5.2 实验器材

JMX-EMWLab 电磁波综合实验教学系统、直径 1 mm 的铜丝、感应器电路板、尖嘴钳、四极化发射天线、云台、架轨、射频电缆。

5.3 实验原理

5.3.1 电磁感应装置

随时间变化的电场会在空间产生磁场，同样，随时间变化的磁场也会在空间产生电场。一般将能够向空间辐射电磁波的装置称为天线，本实验中称之为感应器，用于接收空间电磁波的能量。

用功率信号发生器作为发射源，通过四极化发射天线向空间辐射电磁波。如果将自制的感应器置于电磁波中，就能在感应器的导体上感生高频电流。接收感应器与发射天线的距离越近，电磁波功率就越强，感应电动势就越大。如果将微小功率的白炽灯泡接入感应器电路板适合的馈电点，则可以使感应器电路板和微小功率的白炽灯组成一个完整的感应器电路器件。将感应器电路器件置于空间电磁波中，当感应器电路器件与空间电磁波参数（波长）匹配时，就能够耦合接收到空间电磁波能量。当耦合到的能量足够时，就可以使感应电路板中的白炽灯发光。感应器电路板与白炽灯、金属导线共同构成一个完整的电磁感应装置。自制的电磁感应装置及其工作原理分别如图 5-1 和图 5-2 所示。

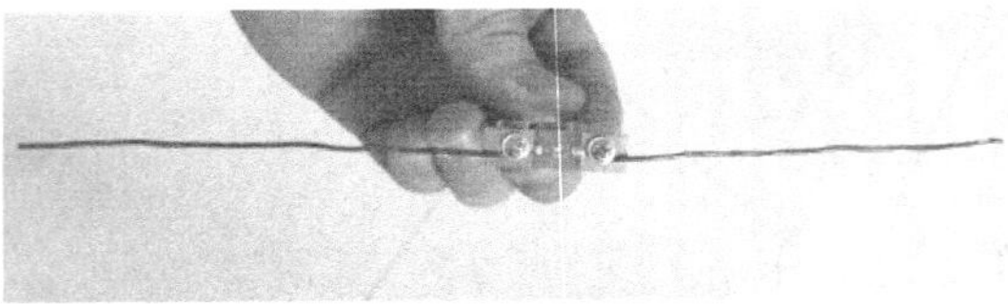

图 5-1　自制电磁感应装置

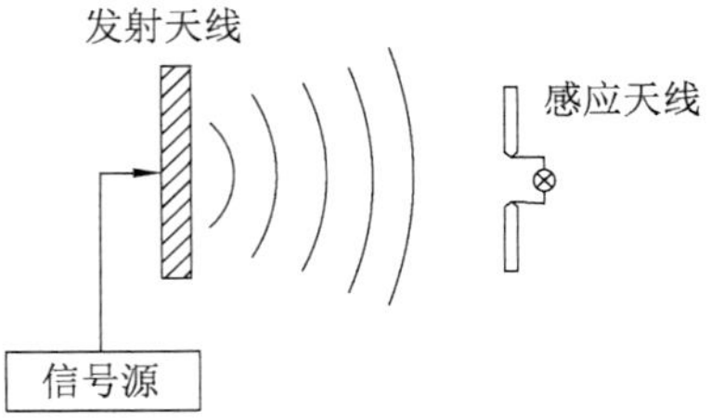

图 5-2　电磁感应装置工作原理

5.3.2　电偶极子

电偶极子（electric dipole）是两个等量异号的点电荷组成的系统。电偶极子的特征用电偶极矩 $p=ql$ 描述，其中，l 是两个点电荷之间的距离，l 和 p 的方向规定为由 $-q$ 指向 $+q$。电偶极子产生的电场是由构成它的正（positive）、负（negative）点电荷产生的电场的矢量和。电偶极子天线就是一段长度为 L_0 的载流导线，中心馈电，其本质上是一个 LC 振荡电路，振荡频率为

$$f=\frac{1}{2\pi\sqrt{LC}}$$

为了有效地向外辐射电磁能量，可以通过调整公式中的参数来提高振荡频率。

电偶极子天线的电特性：① 偶极子天线的长度 L_0 远远小于工作波长 λ，所以 L_0 上各点的电流可以看作是相等的；② L_0 也远远小于场点到偶极子天线中心的距离，所以 L_0 上各点到场点的距离可以看作是相等的。

本实验重点介绍电偶极子天线中的一种——半波对称振子天线。半波对称振子天线又称半波振子，是对称天线的一种最简单的模式。对称天线（或称对称振子）可以看成是由一段末端开路的双线传输线形成的，这种天线是最通用的天线形式之一，又称为偶极子天线。半波对称振子天线是对称天线中应用最为广泛的一种天线，它具有结构简单和馈电方便等优点。

半波振子因其一臂长度为 $\pi/4$，全长为半波长而得名。其辐射场可由两根单线驻波天线的辐射场相加得到，于是可得半波振子（$L=\pi/4$）的远区场强的表达式为

$$|E| = \frac{60I_m\cos\left(\frac{\pi}{2}\cos\theta\right)}{R_0\sin\theta} = \frac{6I_m}{R_0}|f(\theta)|$$

其中,$f(\theta)$为方向函数。对称振子归一化方向函数为

$$F(\theta) = \frac{|f(\theta)|}{f_{\max}\left|\dfrac{\cos\left(\frac{\pi}{2}\cos\theta\right)}{\sin\theta}\right|}$$

其中,$f_{\max}$是$f(\theta)$的最大值。由上式可画出半波振子的方向图,如图 5-3 所示。

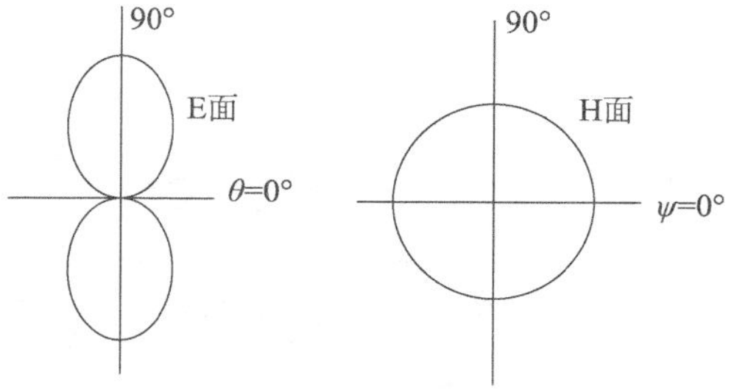

图 5-3　半波振子方向图

半波振子的方向函数与 ψ 无关,故在 H 面上的方向图是以天线振子为中心的一个圆,即为全方向性的方向图。半波振子在 E 面上的方向图为“8”字形,最大辐射方向为 $\theta=\pi/2$,且只要一臂长度不超过 0.625λ,辐射的最大值就始终在 $\theta=\pi/2$ 方向上;若继续增大 L,最大辐射方向将偏离 $\theta=\pi/2$ 方向。

5.3.3　感应器的制作

从实验配件盒中取出感应器电路板和金属丝,用尖嘴钳取两段等长度的金属丝,分别刮去两段金属丝的一端约 15 mm 长的绝缘漆,用螺钉将其固定在感应器电路板的两端,并安装在云台中心。典型的感应器如图 1-12 所示。

5.4　实验内容

(1) 取两段等长的金属丝,作为接收天线的振子,刮去一端的绝缘漆,并用螺钉分别固定在感应器的两端,构成一副偶极子天线,作为感应器。

(2) 制作不同形式的偶极子天线,观察天线逐渐靠近四极化发射天线,感应器电路板上的白炽灯发光时的位置。

(3) 再次取金属丝,按照(2)中的偶极子天线形式,制作与其对应的不同长度的偶极子天线,观察天线逐渐靠近四极化发射天线,感应器电路板上的白炽灯发光时的位置。

(4) 改变不同形式和不同长度的偶极子天线的放置方式，观察天线逐渐靠近四极化发射天线，感应器电路板上的白炽灯发光时的位置。

5.5 实验步骤

(1) 打开电磁波综合实验教学系统的电源开关和系统开关，点击系统主界面上的“辐射特性”实验模块，了解近区场、远区场及过渡区的定义，在“设置”中设置频率、起始距离和采样点距(见图 5-4)。

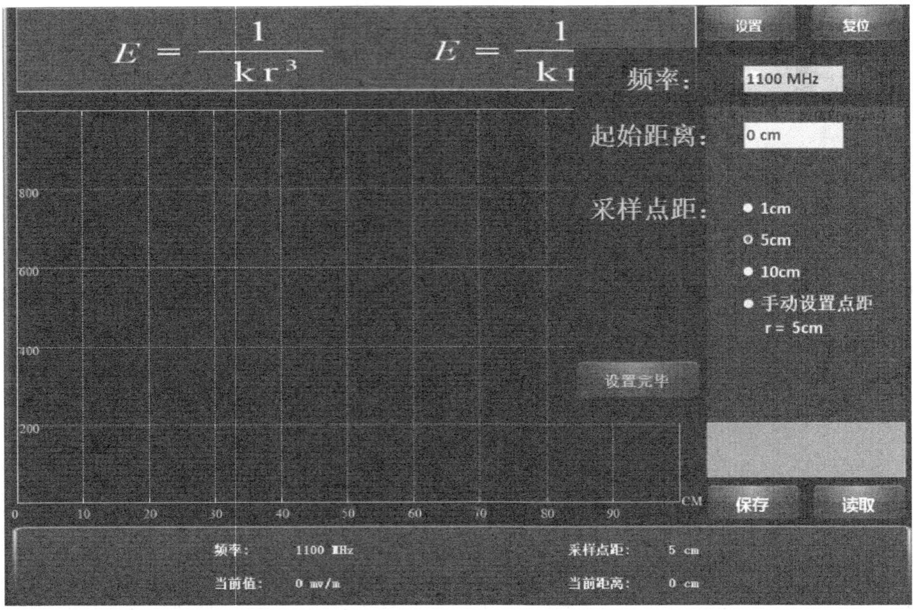

图 5-4 “辐射特性”实验界面

(2) 将射频电缆的一个 SMA 端与四极化发射天线的 A 端口或 B 端口建立可靠连接，另一个 SMA 端与面板左下角的 RFA-out 端口建立牢固连接。

(3) 将用金属丝制作好的偶极子天线竖直固定在云台中心，通过架轨左端的旋转摇柄调节云台滑块使其距离发射天线大约 50 cm，检查连接是否正常。

(4) 按下面板上的电磁波发射开关 TX 按钮，同时慢慢转动摇柄，移动云台滑块向四极化发射天线靠近，当白炽灯刚刚发光时停止移动，按照表 5-1 格式记录此时滑块与四极化发射天线之间的距离，以及所使用的天线形式和天线长度。

(5) 用尖嘴钳改变不同形式的天线振子的长度，然后重新固定在云台中心，按照步骤(3)和(4)，重复上面的实验过程，并按照表 5-1 格式记录此时滑块与四极化发射天线之间的距离，以及所使用的天线形式和天线长度。

（6）实验结束，将实验器材整理好放回实验配件盒中，关闭系统开关和电源开关。

表 5-1　滑块与发射天线的距离及对应的天线形式和天线长度

次数	天线形式	天线长度	与发射天线的距离
1			
2			
3			
……			

注 意

① 按下电磁波发射开关 TX 按钮时，若没有功率输出，应立即停止 TX 发射，检查射频电缆的公头与射频连接头的母头之间是否连接牢固；② 检查射频电缆小头的 SMA 端与天线的输入端口（A 或 B）是否牢固连接；③ 检查四极化发射天线中未与射频电缆连接的 SMA 端口是否用短路负载封堵；④ 尽量减少按下 TX 按钮的时间，以免影响其他小组的测试准确性；⑤ 测试时尽量避免人员走动，以免人体反射影响测试结果。

5.6　实验结果记录

（1）制作的天线振子的形式，并将相应的图形绘制出来。

（2）制作的天线振子的长度。

（3）天线振子在不同形式、长度及采样频率下，白炽灯被点亮时的位置。

（4）当天线振子水平放置与竖直放置时，白炽灯被点亮时的位置。

5.7　实验结果讨论

（1）天线振子的形式不同，白炽灯亮起的位置相同吗？为什么？

（2）同一形式的天线振子的长度不同，白炽灯亮起的位置相同吗？为什么？

（3）不同的采样频率下，白炽灯亮起的位置相同吗？为什么？

（4）天线振子的放置方式与白炽灯亮起的位置有关系吗？如果有，是什么关系？

（5）根据实验数据，说明天线振子的形式、长度及采样频率之间存在怎样的关系。

（6）放在变化磁通量中的导体，为什么会有感应电动势产生？

(7) 根据麦克斯韦方程组,能得到关于电场和磁场的什么结论?

(8) 哪种形式的天线振子与空间电磁场的耦合感应能力最强?为什么?

5.8 总结及心得体会

根据本次实验实际操作,总结实验过程中出现的问题,并描述是如何解决该问题的,以及从本次实验中学到了什么。查阅资料,说明电磁波感应器的应用有哪些。字数不得少于 150 字。

5.9 拓展与应用

(1) 用两根直径 $d=1$ mm,等长度(7 ~ 12 cm)的铜丝,分别与感应器两端导体连接,以代替手握感应器,放置于俯仰角云台中心,由远及近向发射天线移动感应器滑块,观察感应器上白炽灯亮度的变化。当灯亮的时候,停止移动滑块,将手指靠近白炽灯,尝试“摸电磁波”的感觉,并用所学知识解释观察到的现象。

(2) 用带有检波器的感应器,参照半波对称振子感应器制作感应器,采集测试感应器的长度分别为 $L>\lambda$,$L<\lambda$,$L=\lambda$ 三种状态的实验数据,并比较数据图形结果。

5.10 实验报告要求

(1) 详细记录观察到的实验结果。

(2) 完成实验数据的整理与归纳。

(3) 天线振子的形式不得少于五种。

(4) 天线振子的长度不得少于四种。

(5) 采样频率必须有升有降,且不得少于四种。

(6) 对实验结果进行讨论分析,按照标准实验报告的格式完整写出整个实验过程,并按时上交实验报告。

第 6 章

电磁波传播特性实验

6.1 实验目的

(1) 学习了解电磁波的空间辐射特性。

(2) 通过对电磁波的波长、波幅、波节及驻波的测量，进一步认识和了解电磁波。

(3) 了解干涉现象是怎么形成的。

(4) 了解迈克尔逊干涉原理及其在实验中有哪些应用。

(5) 了解驻波的产生原理及其特性。

6.2 实验器材

JMX-EMWLab 电磁波综合实验教学系统、直径 1 mm 的铜丝、感应器电路板、尖嘴钳、四极化发射天线、云台、架轨、反射板、射频电缆。

6.3 实验原理

6.3.1 干涉现象

变化的电场和磁场在空间中交替传播就形成了电磁波。当几列电磁波同时在同一介质中传播时，几列波可以保持各自的特点（如波长、波幅、频率、传播方向等）同时通过介质，在几列波相遇或叠加的区域内，任一点的振动为各个波单独在该点产生的振动的合成。当两个频率相同、振动方向相同、相位差恒定的波源所发出的波在空间中叠加时，总会有一些点的振动始终加强，而另一些点的振动始终减弱或者完全抵消，因而形成了干涉现象。

干涉是电磁波的一个重要特性,利用干涉原理可对电磁波传播特性进行很好的探索;而驻波是干涉的特例。在同一介质中两列振幅相同的相干波,在同一直线上反向传播,相互叠加就形成了驻波。

6.3.2 驻波

驻波是频率和振幅均相同、振动方向一致、传播方向相反的两列波相互叠加后形成的波。波在介质中传播时,其波形不断向前推进,故称之为行波;当上述两列波叠加后,波形并不向前推进,故称之为驻波。在行波中,能量随波的传播而不断地向前传递,其平均能流密度不为零;但驻波的平均能流密度等于零,能量只能在波节与波腹之间来回运行。

由发射天线发射出的电磁波,在空间传播过程中可以近似地看成均匀平面波。此平面波垂直入射到金属板上,被金属板反射回来,到达电磁波感应器;直射波也可直接到达电磁波感应器。这两列波相互叠加时,将形成驻波。当这两列电磁波的波程差满足一定关系时,在感应器位置可以产生波腹或者波节,如图 6-1 所示。

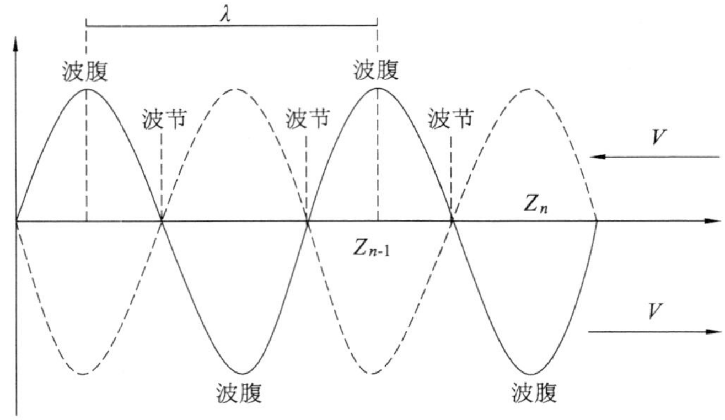

图 6-1　驻波及其波腹与波节

假设到达电磁波感应器的两列平面波的振幅相同,只是因波程不同而有一定的相位差,则电场可表示为

$$E_x = E_m \cos(\omega t - kz)$$

$$E_y = E_m \cos(\omega t - kz + \delta)$$

其中,$\delta = \beta_Z$ 是因波程差而造成的相位差。

当相位差 $\delta = \beta_{Z_1} = 2n\pi (n = 0, 1, 2, \cdots)$ 时,合成波的振幅最大,Z_1 的位置为合成波的波腹;

当相位差 $\delta = \beta_{Z_2} = 2n\pi + \pi (n = 0, 1, 2, \cdots)$ 时,合成波的振幅最小,Z_2 的位置为合成波的波节。

实际上到达电磁波感应器的两列行波的振幅不可能完全相同,故合成波波腹振幅值并不是单列波振幅值的两倍,合成波的波节值也不可能恰好为零。

根据以上分析,固定感应器,只移动金属板,即只改变第二列波的波程,让驻波得以形成。

当合成波振幅最大(波腹)时:$Z_1 = 2n\pi/\beta = n\lambda$;

当合成波振幅最小(波节)时:$Z_2 = (2n\pi + \pi)/\beta = (n + 1/2)\lambda$。

此时合成波振幅最大到合成波振幅最小(波腹到波节)的最短波程差为 $\lambda/2$,若此时可动金属板移动的距离为 ΔL,则 $2\Delta L = \lambda/2$,即 $\lambda = 4\Delta L$。

由此可见,只要测得可动金属板移动的距离,代入式中便可确定电磁波的波长。

6.4　实验内容

(1) 取两段等长的金属丝,作为接收天线的振子,刮去一端约 15 mm 长的绝缘漆,并用螺钉分别固定在感应器的两端,构成一副偶极子天线,即半波天线振子,如图 5-1 所示。

(2) 射频电缆与四极化发射天线背面的四个信号接入点中的 A 端口连接,即天线的极化方式为水平极化。移动反射板,观察半波天线振子上白炽灯的亮度变化情况,并采集实验数据。

(3) 射频电缆与四极化发射天线背面的四个信号接入点中的 B 端口连接,即天线的极化方式为垂直极化。移动反射板,观察半波天线振子上白炽灯的亮度变化情况,并采集实验数据。

(4) 改变半波天线振子的位置,重复(2)和(3),观察半波天线振子上白炽灯的亮度变化情况,并采集实验数据。

(5) 将自制的半波天线振子取下,换上检波半波对称振子标准感应器,重复(2)(3)(4),观察半波对称振子上白炽灯的亮度变化情况,并采集实验数据。

(6) 测量电磁波波长,并根据公式计算电磁波的传播速度。

6.5　实验步骤

(1) 打开电磁波综合实验教学系统的电源开关和系统开关,点击系统主界面上的"辐射特性"实验模块,在"设置"中设置频率、起始距离和采样点距(见图 6-2)。

图 6-2　主界面及“辐射特性”实验界面

（2）将自制的半波天线振子用紧固螺丝固定在俯仰角云台中心，使半波天线振子处于水平状态，移动滑块，使感应器初始位置在 20 cm 处。

（3）在实验架轨最右端的滑块上安装反射板，使反射板与发射天线组件平行，并使反射板初始位置位于架轨最右端处，实验系统装置搭建完成，如图 6-3 所示。

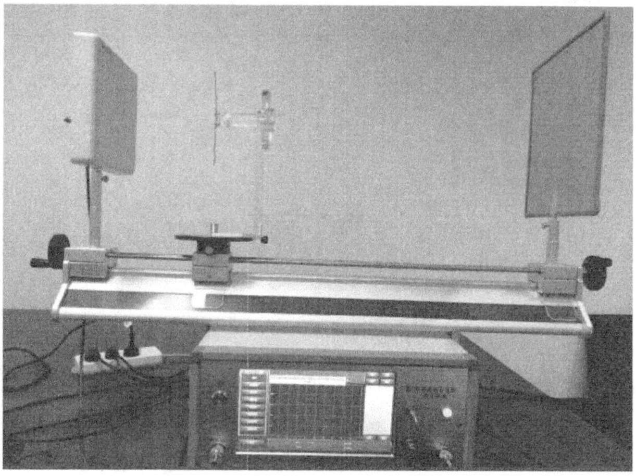

图 6-3　实验系统装置

（4）将射频电缆与四极化发射天线背面的四个信号接入点中的 A 端口连接，即天线的极化方式为垂直极化，同时将半波天线振子竖直放置。按下系统面板上的电磁波发射开关 TX 按钮，缓慢地将反射板朝着发射天线的位置由远及近移动，观察感应器上白炽灯是否有明暗变化，并采集实验数据。

（5）将射频电缆与四极化发射天线背面的四个信号接入点中的 A 端口连接，即天线的极化方式为垂直极化，同时将半波天线振子水平放置。按下系统面板上的电磁波发射开关 TX 按钮，缓慢地将反射板朝着发射天线的位置由远及近移动，观察感应器上白炽灯是否有明暗变化，并采集实验数据。

（6）将射频电缆与四极化发射天线背面的四个信号接入点的连接由 A 端口换成 B 端口，即天线的极化方式改为水平极化，同时将半波天线振子竖直放置。按下系统面板上的电磁波发射开关 TX 按钮，缓慢地将反射板朝着发射天线的位置由远及近移动，观察感应器上白炽灯是否有明暗变化，并采集实验数据。

（7）将射频电缆与四极化发射天线背面的四个信号接入点的连接由 A 端口换成 B 端口，即天线的极化方式改为水平极化，同时将半波天线振子水平放置。按下系统面板上的电磁波发射开关 TX 按钮，缓慢地将反射板朝着发射天线的位置由远及近移动，观察感应器上白炽灯是否有明暗变化，并采集实验数据。

（8）移动滑块，使感应器分别距发射天线 30 cm 和 40 cm，重复步骤（4）~（7）。

（9）改变天线的发射频率，重复步骤（4）~（8）。

（10）将上述实验中的自制感应器换成检波半波对称振子标准感应器并进行数据采集，实验步骤与步骤（4）~（9）相同。

（11）记录实验数据，并填入表 6-1 中。

表 6-1 波节、波长记录表

频率	次数	感应器位置/cm	波节1/cm	波节2/cm	波节N/cm	波节数N	测试波长/cm	理论波长/cm	测试误差
900 MHz	1	20							
	2								
	3								
	4								
	1	30							
	2								
	3								
	4								
	1	40							
	2								
	3								
	4								
1 100 MHz	1	20							
	2								
	3								
	4								
	1	30							
	2								
	3								
	4								
	1	40							
	2								
	3								
	4								

（12）实验结束，将实验器材整理好放回实验配件盒中，关闭系统开关和电源开关。

注 意

① 按下电磁波发射开关 TX 按钮时，若没有功率输出，应立即停止 TX 发射，检查射频电缆的公头与射频连接头的母头之间是否连接牢固；② 检查射频电缆小头的 SMA 端与天线的输入端口（A 或 B）是否牢固连接；③ 检查四极化发射天线中未与射频电缆连接的 SMA 端口是否用短路负载封堵；④ 尽量减少按下 TX 按钮的时间，以免影响其他小组的测试准确性；⑤ 测试时尽量避免人员走动，以免人体反射影响测试结果。

6.6　实验结果记录

（1）发射天线背面的信号接入点为 A 端口，采用自制的半波天线振子作感应器，天线发射频率不同时感应器上白炽灯的明暗变化，以及电流最大时反射板的位置和电流最小时反射板的位置，每个波节的位置和数目。

（2）发射天线背面的信号接入点为 A 端口，采用检波半波对称振子标准感应器，天线发射频率不同时感应器上白炽灯的明暗变化，以及电流最大时反射板的位置和电流最小时反射板的位置，每个波节的位置和数目。

（3）发射天线背面的信号接入点为 B 端口，采用自制的半波天线振子作感应器，天线发射频率不同时感应器上白炽灯的明暗变化，以及电流最大时反射板的位置和电流最小时反射板的位置，每个波节的位置和数目。

（4）发射天线背面的信号接入点为 B 端口，采用检波半波对称振子标准感应器，天线发射频率不同时感应器上白炽灯的明暗变化，以及电流最大时反射板的位置和电流最小时反射板的位置，每个波节的位置和数目。

（5）根据测量所得数据，利用相关公式，计算出电磁波的波长和传播速度的理论值，并与所测实际值相比较，计算出误差值。

6.7　实验结果讨论

（1）天线发射频率不变，改变感应器与发射天线的距离，电流最大值和电流最小值所对应的反射板的位置规律是怎样的？

（2）感应器与发射天线的距离不变，改变天线的发射频率，电流最大值和电流最小值所对应的反射板的位置规律是怎样的？

(3) 天线发射频率相同,感应器与发射天线的距离相同,采用的感应器不同时,电流最大值和电流最小值所对应的反射板的位置有什么样的变化? 为什么?

(4) 天线发射频率相同,感应器与发射天线的距离相同,采用的感应器相同,但是天线的极化方式不同时,电流最大值和电流最小值所对应的反射板的位置有什么样的变化? 为什么?

6.8 总结及心得体会

根据本次实验实际操作,总结实验过程中出现的问题,并描述是如何解决该问题的,以及从本次实验中学到了什么。你觉得干涉对实验过程造成了怎样的影响? 该如何消除这种影响? 在一些特殊的环境下又该如何合理地应用这种干涉的影响? 请举例说明。字数不得少于200字。

6.9 知识点扩展

物理学中,干涉是两列或两列以上频率相同的波在空间中重叠时发生叠加从而形成新波形的现象。例如,采用光学分束器将一束来自单色点光源的光分成两束后,再让它们在空间中的某个区域内重叠,将会发现在重叠区域内的光强并不是均匀分布的:其明暗程度随其在空间中位置的不同而变化,最亮的地方超过了原先两束光的光强之和,而最暗的地方光强有可能为零,这种光强的重新分布被称作"干涉条纹"。

在历史上,干涉现象及其相关实验是证明光的波动性的重要依据。1807年,托马斯·杨总结出版了他的《自然哲学讲义》,里面综合整理了他在光学方面的工作,并第一次描述了双缝实验,但光的这种干涉性质直到19世纪初才逐渐被人们发现,主要原因是相干光源不易获得。为了获得可以观测到可见光干涉的相干光源,人们发明制造了各种产生相干光的光学器件及干涉仪,这些干涉仪在当时都具有非常高的测量精度:阿尔伯特·迈克尔逊就借助迈克尔逊干涉仪完成了著名的迈克尔逊-莫雷实验,得到了以太风观测的零结果。而在20世纪60年代之后,激光这一高强度相干光源的发明使光学干涉测量技术得到了前所未有的广泛应用,在各种精密测量中都能见到激光干涉仪的身影。现在人们知道,两束电磁波的干涉是彼此振动的电场强度矢量叠加的结果,而由于光的波粒二象性,光的干涉也是光子自身的概率幅叠加的结果。

两列频率相同的波在同一介质中传播发生重叠时,重叠范围内介质的质点同时受到两个波的作用。若波的振幅不大,此时重叠范围内介质质点的振动位移等于各列波动所造成位移的矢量和,这称为波的叠加原理。若两波的波峰(或波谷)同时抵达同一点，称两波在该点同相，干涉波会产生最大的振幅，称为相长干涉；若两波之一的波峰与另一波的波谷同时抵达同一点，称两波在该点反相，干涉波会产生最小的振幅，称为相消干涉。

6.10　实验报告要求

（1）详细记录观察到的实验现象与结果。

（2）完成数据运算及整理，计算出电磁波波长、电磁波的传播速度。

（3）所有的数据进行分类，同一种实验条件下的数据标记清楚，并整理在一起。

（4）选用的天线发射频率不得少于三种。

（5）感应器的位置设置不得少于三种，且每个位置所测量的数据不得少于五组。

（6）分析讨论实验中的现象，用检波半波对称振子标准感应器进行数据测量以便定量分析时，需对实验误差产生的原因进行讨论分析。

（7）对实验结果进行讨论分析，按照标准实验报告的格式完整写出整个实验过程，并按时上交实验报告。

第 7 章

电磁波辐射原理实验

7.1 实验目的

（1）认识天线的作用与地位。

（2）深刻理解电磁波辐射与天线的关系。

（3）掌握电磁波辐射的基本要素。

（4）了解振荡信号能量是以什么形式向空间辐射的。

7.2 实验器材

JMX-EMWLab 电磁波综合实验教学系统、直径 1 mm 的铜丝、感应器电路板、尖嘴钳、四极化发射天线、云台、架轨、反射板、射频电缆。

7.3 实验原理

7.3.1 电磁波辐射

电磁波辐射就是将电场与磁场二者互相作用所形成的波动，以辐射方式传送到远方。人们把电磁能量脱离波源的束缚，向空间传播的现象称为电磁辐射。电磁辐射是一种客观存在的物理现象，对于无线通信、导航及雷达而言，电磁辐射是极其重要的，需要充分加以利用。相反，在某些电子系统中，由于存在电磁辐射或无线电泄漏，会影响其他设备或系统的正常工作，这时电磁辐射就变成一种有害的电磁干扰，需要对其进行必要的限制。电磁波辐射原理图如图 7-1 所示。天线辐射出去的是电磁波，接收到的也是电磁波，然而发射机通过馈线送入天线的并不是电磁波，接收天线也不能把电磁波直接经过馈线送入接收机，其中必须进行能量的转换。天线除了能够有效地辐射和接收电磁波外，还能够完成高频电流到同频率电磁波的转换，或者完成电磁波到同频率的高频电流的转换。所以，天线实质上也是一个能量转换器。

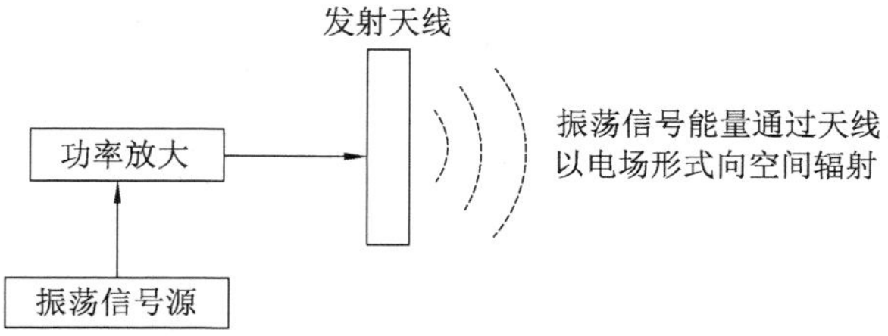

图 7-1　电磁波辐射原理图

7.3.2　电磁波辐射的产生条件

产生电磁波辐射应具备以下条件：

（1）必须存在时变源。时变源可以是时变的电荷源、时变的电流源或时变的电磁场。为了有效地产生电磁辐射，时变源的频率必须足够高，更确切地说，只有当辐射系统的尺寸大小能和电磁波波长相比拟时，才有可能产生明显的电磁辐射效应。

（2）波源电路必须开放。波源电路的结构方式对辐射强弱有极大的影响，封闭的电路结构（如谐振腔等）是不会产生电磁辐射的。波源电路越开放，产生的电磁辐射就越强。

当导线载有交变电场，就可以形成电磁辐射，并且电磁辐射的能力与导线的长短和形状有关。如果导线位置如图 7-2a 所示，两根互相平行的导线间的距离很近，远远小于波长，电流方向相反，则它们所激发的电磁场在两线外部的大部分空间由于相位相反而互相抵消，因而电磁辐射很微弱；如果导线位置如图 7-2b 所示，两线末端逐渐张开，那么在某些方向上，电场散播在周围空间，两导线产生的电磁场就不能抵消，辐射将会逐渐增强；如果导线位置如图 7-2c 所示，两线完全张开，张开的两臂上电流方向相同，那么它们在周围空间激发的电磁场只在一定方向由于相位关系而互相抵消，在大部分方向则互相叠加，使辐射显著增强。

当导线的长度 L 远小于波长 λ 时，辐射很微弱；当导线的长度 L 增大到可与波长 λ 相比拟时，导线上的电流将大大增加，就能形成较强的辐射。这样的结构被称为开放式结构。由末端开路的平行双导线传输线张开而成的天线，就是通常所说的对称振子天线，是最简单的一种天线。

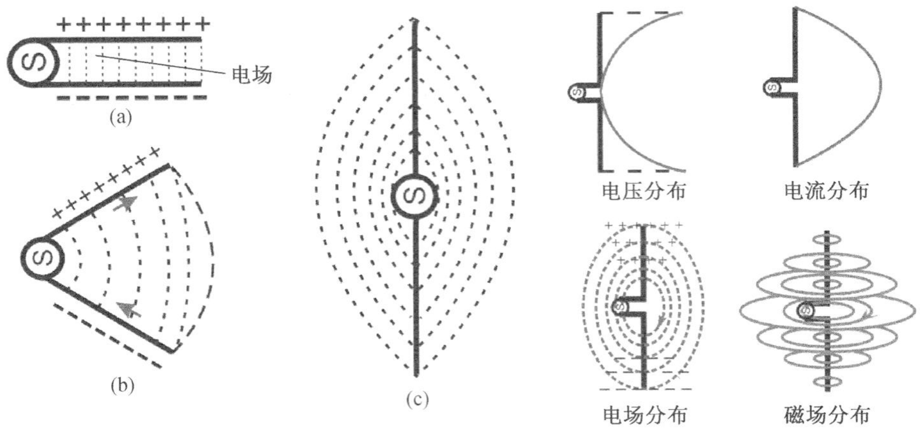

图 7-2　三种感应器形式及其电压、电流、电磁场分布

7.4　实验内容

（1）天线发射频率为 1 000 MHz，天线极化方式为水平极化时，令金属丝长度 L 大于波长 λ，观察电磁辐射过程中，感应器上白炽灯的明暗变化情况。

（2）天线发射频率为 1 000 MHz，天线极化方式为垂直极化时，令金属丝长度 L 大于波长 λ，观察电磁辐射过程中，感应器上白炽灯的明暗变化情况。

（3）天线发射频率为 1 000 MHz，天线极化方式为水平极化时，令金属丝长度 L 等于波长 λ，观察电磁辐射过程中，感应器上白炽灯的明暗变化情况。

（4）天线发射频率为 1 000 MHz，天线极化方式为垂直极化时，令金属丝长度 L 等于波长 λ，观察电磁辐射过程中，感应器上白炽灯的明暗变化情况。

（5）天线发射频率为 1 000 MHz，天线极化方式为水平极化时，令金属丝长度 L 远小于波长 λ，观察电磁辐射过程中，感应器上白炽灯的明暗变化情况。

（6）天线发射频率为 1 000 MHz，天线极化方式为垂直极化时，令金属丝长度 L 远小于波长 λ，观察电磁辐射过程中，感应器上白炽灯的明暗变化情况。

（7）改变天线发射频率，重复上述内容，观察实验现象。

7.5　实验步骤

（1）打开电磁波综合实验教学系统的电源开关和系统开关，点击系统主界面上的“辐射特性”实验模块，在“设置”中设置频率、起始距离和采样点距（见图 7-3）。

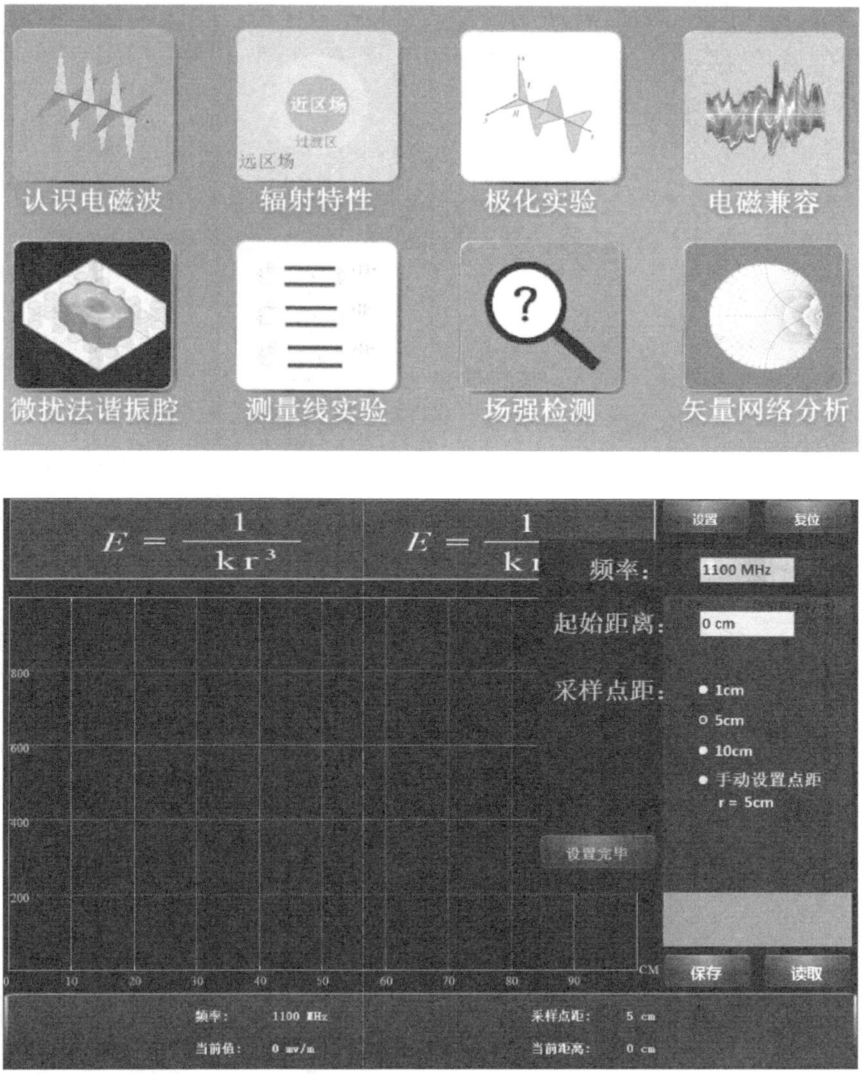

图 7-3　主界面及“辐射特性”实验界面

（2）将四极化发射天线、云台、反射板安装在相应的测试支架上，连接好射频电缆，其一端连接在发射天线背面的 B 端口（水平极化），并确认连接牢固；另一端通过 N-SMA 转换头连接在面板上的输出端口 RFA-out，并确认端口连接牢固。

（3）从实验配件盒中取出金属丝、尖嘴钳，用直尺测量后，取长度接近 1/4 波长的金属丝两根，细心理直每根金属丝。

（4）将每根金属丝的一端用尖嘴钳弯成直径约 3.5 mm 的圆环，并用直径为 2.5 mm 的带垫螺钉分别将两根金属丝与感应器和俯仰角云台座连接。

（5）调节测试支架滑块到离发射天线 30 cm 左右的位置，并分别按照图 7-2a，b，c 所示形状弯曲感应器上的金属丝。

（6）选择不同形式的感应器金属丝，按下系统面板上的电磁波发射开关TX按钮，记录相应的观察结果；然后调整该形式下金属丝的长度，在同一位置重复上述实验，观察感应器上白炽灯的亮度变化。

（7）将与发射天线背面相连接的端口由B端口换成A端口（垂直极化），其他条件不变，按照步骤（6）重复实验，观察感应器上白炽灯的亮度变化。

（8）改变发射频率，重复步骤（6）（7），观察感应器上白炽灯的亮度变化。

注 意

① 按下电磁波发射开关TX按钮时，若没有功率输出，应立即停止TX发射，检查射频电缆的公头与射频连接头的母头之间是否连接牢固；② 检查射频电缆小头的SMA端与天线的输入端口（A或B）是否牢固连接；③ 检查四极化发射天线中未与射频电缆连接的SMA端口是否用短路负载封堵；④ 尽量减少按下TX按钮的时间，以免影响其他小组的测试准确性；⑤ 测试时尽量避免人员走动，以免人体反射影响测试结果。

7.6 实验结果记录

（1）水平极化时，白炽灯的明暗变化。

（2）垂直极化时，白炽灯的明暗变化。

（3）改变天线形式时，白炽灯的明暗变化。

（4）改变发射频率时，白炽灯的明暗变化。

7.7 实验结果讨论

（1）感应天线上的电流源频率必须足够高，为什么？

（2）发射频率是不是越高越好？为什么？

（3）对称振子电磁场的辐射，其电压分布、电流分布及磁场分布是怎样的形式？（画出大概示意图）

（4）根据LC振荡电路，说明如何提高振荡频率。

（5）金属丝的长度与空间电磁场的耦合有关系吗？如果有，是怎样的关系？

（6）改变天线的极化方式，对感应器接收电磁能量有什么影响？

（7）根据实验结果，哪种形式的感应器接收能量最好？为什么？

7.8 总结及心得体会

根据本次实验实际操作，总结实验过程中出现的问题，并描述是如何解决该问题的，以及从本次实验中学到了什么。查阅资料，说明电磁波辐射能量对人体都有哪些危害。字数不得少于 150 字。

7.9 知识点扩展

电磁波辐射，又称电磁辐射，是由同相振荡且互相垂直的电场与磁场在空间中以波的形式传递能量和动量，其传播方向垂直于电场与磁场构成的平面。

电磁辐射的载体为光子，不需要依靠介质传播，在真空中的传播速度为光速。电磁辐射可按照频率分类，从低频率到高频率主要包括无线电波、微波、红外线、可见光、紫外线、X 射线和伽马射线。

人眼可接收到的电磁辐射，波长在 380～780 nm 之间，称为可见光。只要是自身温度大于绝对零度的物体，都可以发射电磁辐射，而世界上并不存在温度等于或低于绝对零度的物体。因此，人们周边所有的物体时刻都在进行电磁辐射。尽管如此，只有处于可见光频域内的电磁波，才可以被人们肉眼看到。

长期暴露在某些对人体有害频段的电磁波环境中，会引起头晕目眩、记忆力减退、耳鸣等现象，有些会破坏免疫系统，增加致癌的风险，如一次性较高剂量的远紫外线和 X 射线；有些短时间内完全暴露其中可直接致死，如伽马射线。但是值得庆幸的是对人体有实质性危害的波段人类日常所接受的剂量远不足以致病，特别是 X 射线及伽马射线，更是很难大剂量接触。

7.10 实验报告要求

（1）详细记录观察到的实验现象与结果。

（2）完成相应频率的电磁波波长的计算。

（3）天线的长度不得少于三种。

（4）选用的天线发射频率不得少于两种。

（5）对实验结果进行讨论分析，按照标准实验报告的格式完整写出整个实验过程，并按时上交实验报告。

第 8 章

电磁波的极化实验

8.1 实验目的

（1）了解电磁波的极化及其特点。

（2）研究几种极化波的产生及其特点。

（3）了解熟悉几种常用天线的极化特性。

（4）研究制作的电磁波感应器的极化特性，进行极化特性实验，并与理论结果进行对比、讨论。

（5）通过实验加深对电磁波极化特性的理解和认识。

8.2 实验器材

JMX-EMWLab 电磁波综合实验教学系统、直径 1 mm 的铜丝、小十字改刀、尖嘴钳、M2.5 小螺钉、四极化发射天线、射频电缆、滤波感应器（天线）。

8.3 实验原理

电磁波的极化是电磁波理论中的一个重要概念，它表征在空间给定点上电场强度矢量的取向随时间变化的特性（见图 8-1）。关于极化的定义，可以这样描述：在空间任一固定点上电磁波的电场强度矢量 $\vec{E}$ 的空间取向（矢端）随时间的变化方式（轨迹）称为极化，用电场强度矢量 $\vec{E}$ 的端点在空间描绘出的轨迹来表示。根据电场强度矢量 $\vec{E}$ 的轨迹方式，可以得到电磁波的极化方式有三种：线极化、圆极化和椭圆极化。如果电场强度矢端（随时间变化）的轨迹是直线，则称为线极化电磁波；如果电场强度矢端（随时间变化）的轨迹是圆，则称为圆极化电磁波；如果电场强度矢端（随时间变化）的轨迹是椭圆，则称为椭圆极化电磁波。其中，线极化分为水平极化和垂直极化，圆极化分为左旋圆极化和右旋圆极化，椭圆极化分为左旋椭圆极化和右旋椭圆极化。

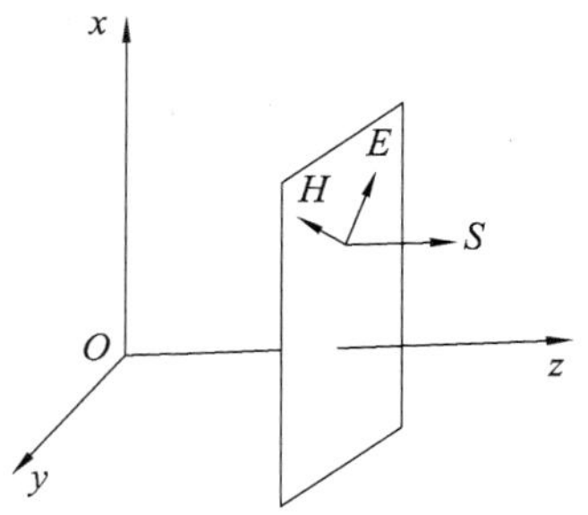

图 8-1　电磁波的极化

下面具体介绍线极化、圆极化和椭圆极化，以及左旋极化和右旋极化的判断方法。假设电磁波沿着 z 轴传播，电场强度矢量有 E_x 和 E_y 两个分量。

（1）如果 E_x，E_y 相位相同：

$$E_x = E_{xm}\cos(\omega t - kz)$$

$$E_y = E_{ym}\cos(\omega t - kz)$$

这里设初始相位为 0，在 $z=0$ 的等相位面上，

$$E_x = E_{xm}\cos\omega t$$

$$E_y = E_{ym}\cos\omega t$$

合场强的大小为 $E=\sqrt{E_x^2+E_y^2}=\sqrt{E_{xm}^2+E_{ym}^2}\cos\omega t$，合场强的方向用与 x 轴的夹角 α 表示，$\alpha=\arctan(E_x/E_y)=\arctan(E_{xm}/E_{ym})$，可以看出，合场强的大小随着时间 t 变化，方向为一个常量，说明电场强度矢量只在直线上变化，这种波称之为线极化波（见图 8-2）。如果电场强度矢量只在水平方向上变化，称之为水平极化波；如果电场强度矢量只在垂直方向上变化，称之为垂直极化波。

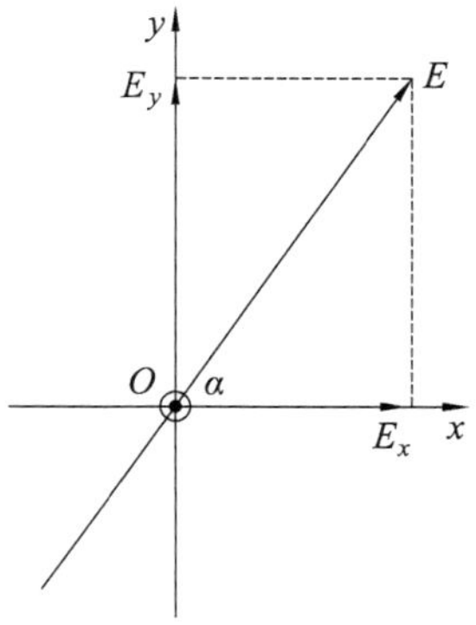

图 8-2　线极化

（2）如果 E_x, E_y 相位相差 $\pi/2$：

$$E_x = E_{xm}\cos(\omega t - kz)$$

$$E_y = E_{ym}\cos(\omega t - kz - \pi/2) = E_{ym}\sin(\omega t - kz)$$

① 如果 E_x, E_y 振幅相等，即 $E_{xm} = E_{ym} = E_m$，在 $z=0$ 的等相位面上，

$$E_x = E_{xm}\cos\,\omega t$$

$$E_y = E_{ym}\sin\,\omega t$$

合场强的大小为 $E = \sqrt{E_x^2 + E_y^2} = E_m$，即 $E_x^2 + E_y^2 = E_m^2$，方向表示为 $\tan\,\alpha = E_x/E_y = \tan\,\omega t$，所以合场强大小不变，方向以角速度 ω 旋转，矢端的轨迹为一个圆，故这种波称之为圆极化波（见图 8-3）。

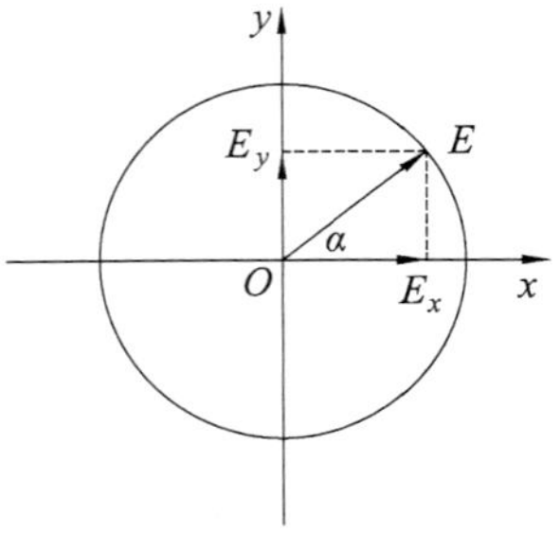

图 8-3　圆极化

② 如果 E_x, E_y 振幅不相等，即 $E_{xm} \neq E_{ym}$，在 $z=0$ 的等相位面上，

$$E_x = E_{xm}\cos\,\omega t$$

$$E_y = E_{ym}\sin\,\omega t$$

两式移项，平方相加可得

$$\frac{E_x^2}{E_{xm}^2} + \frac{E_y^2}{E_{ym}^2} = 1$$

该公式为椭圆方程，故其矢端的轨迹是一个椭圆，所以称这种波为椭圆极化波（见图 8-4）。

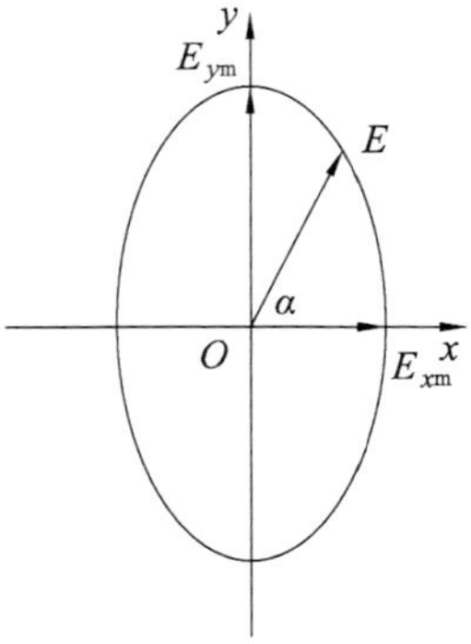

图 8-4　椭圆极化

（3）如果 E_x，E_y 相位相差 $\Delta\phi \neq \pi/2$，在 $z=0$ 的等相位面上，

$$E_x = E_{xm}\cos\ \omega t$$

$$E_y = E_{ym}\cos(\omega t - \Delta\phi)$$

消去 t，可得

$$\frac{E_x^2}{E_{xm}^2} + \frac{E_y^2}{E_{ym}^2} - \frac{2E_xE_y}{E_{xm}E_{ym}}\cos\ \Delta\phi = \sin^2\Delta\phi$$

这也是一个椭圆方程，但是与坐标轴斜交（见图 8-5）。

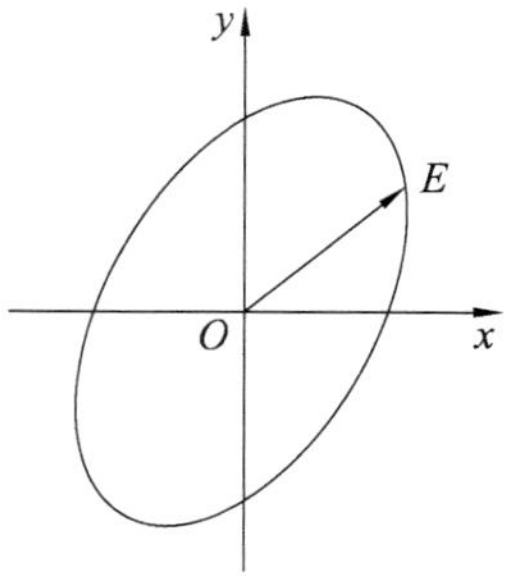

图 8-5　椭圆极化（斜交）

圆极化波和椭圆极化波是左旋极化还是右旋极化，根据电矢量的旋转方向进行判断。若电矢量的旋转方向与传播方向呈右手关系，则称为右旋极化波（见图 8-6a）；若电矢量的旋转方向与传播方向呈左手关系，则称为左旋极化波（见图 8-6b）。

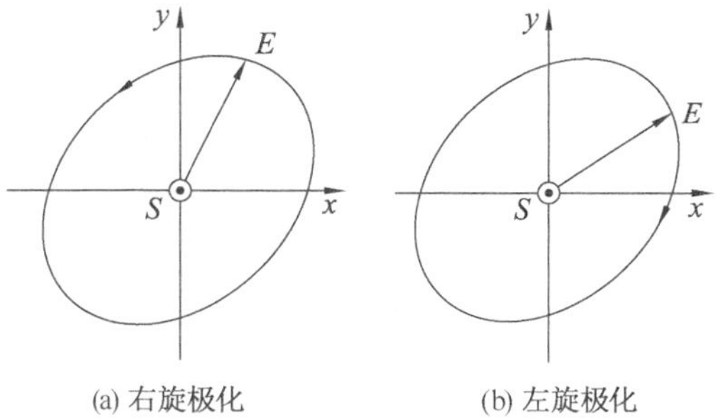

图 8-6　右旋极化与左旋极化

本实验所设计的半波振子接收（发射）的波为线极化波，而最常用的接收（发射）圆极化波或椭圆极化波的天线为螺旋天线。实际上一般螺旋天线在轴线方向不一定产生圆极化波，而是椭圆极化波。当单位长度的螺圈数 N 很大时，发射（接收）的波可看作是圆极化波。

电波的特性决定了水平极化传播的信号在贴近地面时会在大地表面产生极化电流，极化电流因受大地阻抗影响产生热能而使电场信号迅速衰减；而垂直极化方式则不易产生极化电流，从而避免了能量的大幅衰减，保证了信号的有效传播（见图 8-7a，b）。

因此,在移动通信系统中,一般采用垂直极化的传播方式。另外,移动通信网中大量采用双极化天线(见图 8-7c)。就其设计思路而言,一般分为垂直与水平极化和 ±45°极化两种方式,性能上一般后者优于前者,因此大部分采用的是 ±45°极化方式。 ±45°极化的双极化天线组合了 +45°和 -45°两副极化方向相互正交的天线,并同时工作在收发双工模式下,大大节省了每个小区的天线数量;同时,由于 ±45°为正交极化,有效保证了分集接收的良好效果。

垂直与水平极化的双极化天线在同一物理外壳(天线罩)内设置有两种天线元件,其中一种为垂直极化元件,另一种为水平极化元件。当安装方式正确时,双极化天线可同时与两种极化天线通信。双极化天线的一个优点在于以同一设备提供两架天线,可节省空间和费用。这种双极化天线通常用于 MIMO(多输入/多输出)无线接入点和移动信号接入设备 CPE。

交叉极化天线有时也称为十字极化天线,同样在同一物理外壳内设置有两种元件,但其中一种为 +45°极化元件,另一种为 -45°极化元件(见图 8-7d)。这两种元件的 ±45°角形成一种十字交叉构型。例如,移动通信天线常用交叉极化天线。

圆极化天线对水平和垂直极化天线产生相同的响应。圆极化天线分为右旋极化和左旋极化两种,以满足各种无线连接应用的需求(见图 8-7e,f)。针对不断移动的远程线性极化链路,在固定接入点上使用圆极化天线可获得较好的效果。例如,GPS 天线常用圆极化天线。

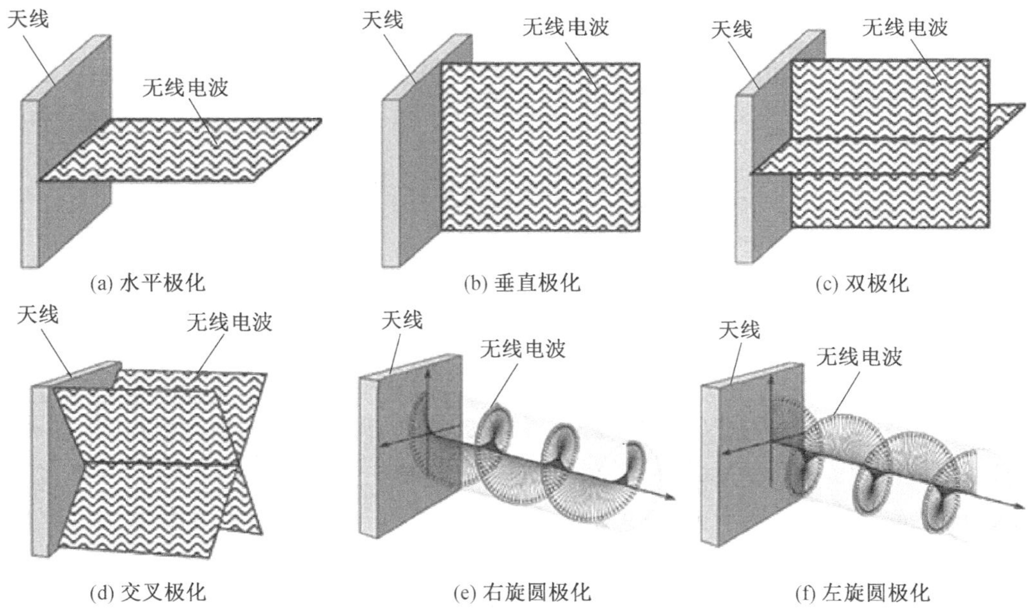

图 8-7　各种天线极化方式示意图

8.4　实验内容

(1) 将射频电缆的一端与四极化发射天线背面的 A 端口(垂直极化)建立紧固连接,按照设置的采样点距,按下电磁波发射开关 TX 按钮,旋转俯仰角云台,逐点进行采样。

(2) 将射频电缆的一端与四极化发射天线背面的 A 端口(垂直极化)建立紧固连接,按照设置的采样点距,按下电磁波发射开关 TX 按钮,旋转方位角云台,逐点进行采样。

(3) 将射频电缆的一端与四极化发射天线背面的 B 端口(水平极化)建立紧固连接,按照设置的采样点距,按下电磁波发射开关 TX 按钮,旋转俯仰角云台,逐点进行采样。

(4) 将射频电缆的一端与四极化发射天线背面的 B 端口(水平极化)建立紧固连接,按照设置的采样点距,按下电磁波发射开关 TX 按钮,旋转方位角云台,逐点进行采样。

(5) 将射频电缆的一端与四极化发射天线背面的 C 端口(左旋圆极化)建立紧固连接,按照设置的采样点距,按下电磁波发射开关 TX 按钮,旋转俯仰角云台,逐点进行采样。

(6) 将射频电缆的一端与四极化发射天线背面的 C 端口(左旋圆极化)建立紧固连接,按照设置的采样点距,按下电磁波发射开关 TX 按钮,旋转方位角云台,逐点进行采样。

(7) 将射频电缆的一端与四极化发射天线背面的 D 端口(右旋圆极化)建立紧固连接,按照设置的采样点距,按下电磁波发射开关 TX 按钮,旋转俯仰角云台,逐点进行采样。

(8) 将射频电缆的一端与四极化发射天线背面的 D 端口(右旋圆极化)建立紧固连接,按照设置的采样点距,按下电磁波发射开关 TX 按钮,旋转方位角云台,逐点进行采样。

8.5　实验步骤

(1) 打开电磁波综合实验教学系统的电源开关和系统开关,点击系统主界面上的“极化实验”实验模块。在实验界面中,用鼠标点击或者触摸“设置”按钮,设置相关实验参数,如图 8-8 所示。

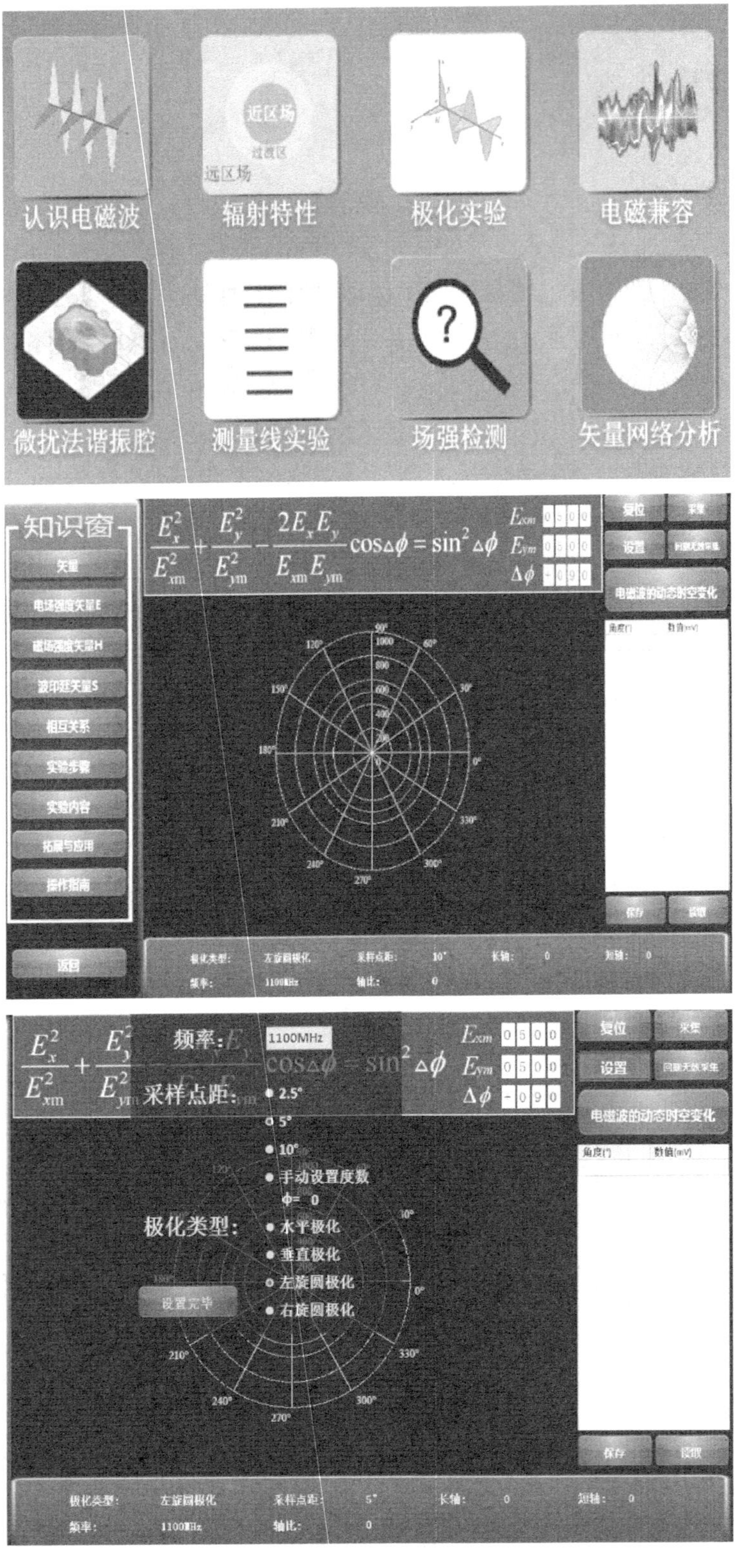

图 8-8　主界面及“极化实验”实验界面

（2）将带有滤波器的感应器（天线）固定于俯仰角云台架上，用 IPEX 电缆与滤波器感应器上的 IPEX 端子扣接，IPEX 另一端 SMA 与系统主机前面板右下角的 N-SMA 连接，并将感应器滑块置于距发射天线 30 cm 的位置，实验系统组装完成，如图 8-9 所示。

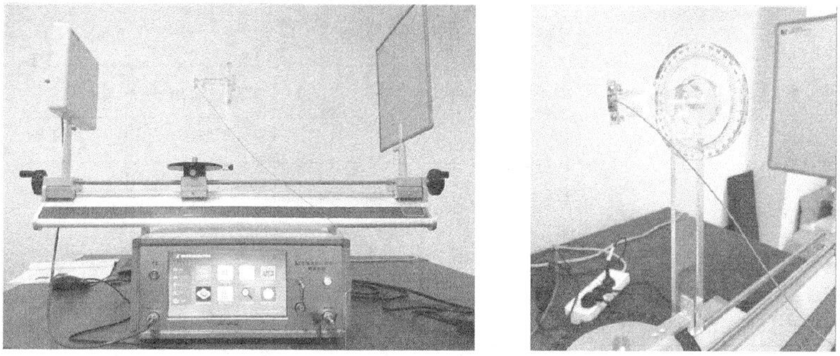

图 8-9　实验系统

（3）将射频电缆接至四极化发射天线背面的 A 端口（垂直极化），同时在设置中选择极化类型为“垂直极化”。设置采样频率为 1 000 MHz，采样点距为 5°。固定方位角云台不动，连续旋转俯仰角云台，逐点采集数据，直至旋转一周结束，将结果记录到表 8-1 中。

（4）将射频电缆接至四极化发射天线背面的 A 端口（垂直极化），同时在设置中选择极化类型为“垂直极化”。设置采样频率为 1 000 MHz，采样点距为 5°。固定俯仰角云台不动，连续旋转方位角云台，逐点采集数据，直至旋转一周结束，将结果记录到表 8-1 中。

（5）将射频电缆接至四极化发射天线背面的 B 端口（水平极化），同时在设置中选择极化类型为“水平极化”。设置采样频率为 1 000 MHz，采样点距为 5°。固定方位角云台不动，连续旋转俯仰角云台，逐点采集数据，直至旋转一周结束，将结果记录到表 8-1 中。

（6）将射频电缆接至四极化发射天线背面的 B 端口（水平极化），同时在设置中选择极化类型为“水平极化”。设置采样频率为 1 000 MHz，采样点距为 5°。固定俯仰角云台不动，连续旋转方位角云台，逐点采集数据，直至旋转一周结束，将结果记录到表 8-1 中。

（7）将射频电缆接至四极化发射天线背面的 C 端口（左旋圆极化），同时在设置中选择极化类型为“左旋圆极化”。设置采样频率为 1 000 MHz，采样点距为 5°。固定方位角云台不动，连续旋转俯仰角云台，逐点采集数据，直至旋转一周结束，将结果记录到表 8-1 中。

（8）将射频电缆接至四极化发射天线背面的 C 端口（左旋圆极化），同时在设置中选择极化类型为“左旋圆极化”。设置采样频率为 1 000 MHz，采样点距为 5°，x 和 y 方向上的电场强度幅值为 800 mV/m，相位差设为 90°。固定俯仰角云台不动，连续旋转方位角云台，逐点采集数据，直至旋转一周结束，将结果记录到表 8-1 中。

（9）将射频电缆接至四极化发射天线背面的 D 端口（右旋圆极化），同时在设置中选择极化类型为“右旋圆极化”。设置采样频率为 1 000 MHz，采样点距为 5°。固定方位角云台不动，连续旋转俯仰角云台，逐点采集数据，直至旋转一周结束，将结果记录到表 8-1 中。

（10）将射频电缆接至四极化发射天线背面的 D 端口（右旋圆极化），同时在设置中选择极化类型为“右旋圆极化”。设置采样频率为 1 000 MHz，采样点距为 5°。固定俯仰角云台不动，连续旋转方位角云台，逐点采集数据，直至旋转一周结束，将结果记录到表 8-1中。

表 8-1　实验数据记录表

角度/(°)	电压/mV	角度/(°)	电压/mV	角度/(°)	电压/mV	角度/(°)	电压/mV
0		90		180		270	
5		95		185		275	
10		100		190		280	
15		105		195		285	
20		110		200		290	
25		115		205		295	
30		120		210		300	
35		125		215		305	
40		130		220		310	
45		135		225		315	
50		140		230		320	
55		145		235		325	
60		150		240		330	
65		155		245		335	
70		160		250		340	
75		165		255		345	
80		170		260		350	
85		175		265		355	

（11）根据步骤(4)～(10)的实验图像，画出极化图(见图 8-10)。

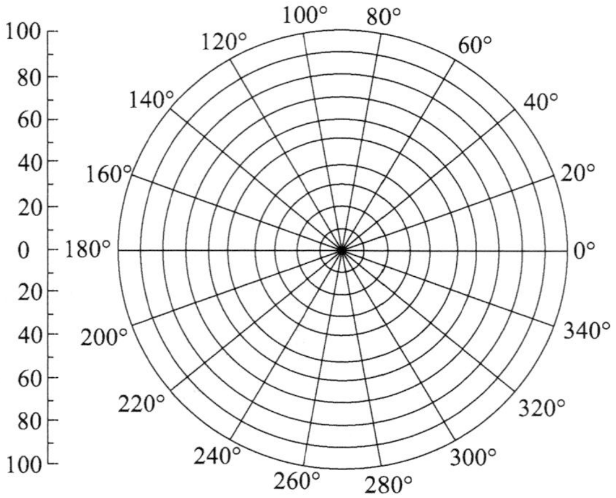

图 8-10　极化图

（12）实验结束，将实验器材整理好放回实验配件盒中，关闭系统开关和电源开关。

注　意

① 按下电磁波发射开关 TX 按钮时，若没有功率输出，应立即停止 TX 发射，检查射频电缆的公头与 N-SMA 射频连接头之间是否连接牢固；② 检查射频电缆小头的 SMA 端与天线的输入端口是否牢固连接；③ 检查四极化发射天线中未与射频电缆连接的 SMA 端口是否用短路负载封堵；④ 尽量减少按下 TX 按钮的时间，以免影响其他小组的测试准确性；⑤ 测试时尽量避免人员走动，以免人体反射影响测试结果。

8.6　实验结果记录

（1）垂直极化时，连续旋转俯仰角云台所得的采样数据及极化图。
（2）垂直极化时，连续旋转方位角云台所得的采样数据及极化图。
（3）水平极化时，连续旋转俯仰角云台所得的采样数据及极化图。
（4）水平极化时，连续旋转方位角云台所得的采样数据及极化图。
（5）左旋圆极化时，连续旋转俯仰角云台所得的采样数据及极化图。
（6）左旋圆极化时，连续旋转方位角云台所得的采样数据及极化图。
（7）右旋圆极化时，连续旋转俯仰角云台所得的采样数据及极化图。
（8）右旋圆极化时，连续旋转方位角云台所得的采样数据及极化图。

8.7　实验案例

在案例中，点击“设置”按钮，打开设置界面，极化类型选择垂直极化，采样点距选择每隔 10°采样一次，采样频率保持默认值 1 100 MHz 不变。将云台滑动到距离发射天线 30 cm 处，固定方位角云台不动，连续旋转俯仰角云台，逐点采样，直至旋转一周结束。具体操作步骤不再详细叙述，采集的极化图如图 8-11 所示。

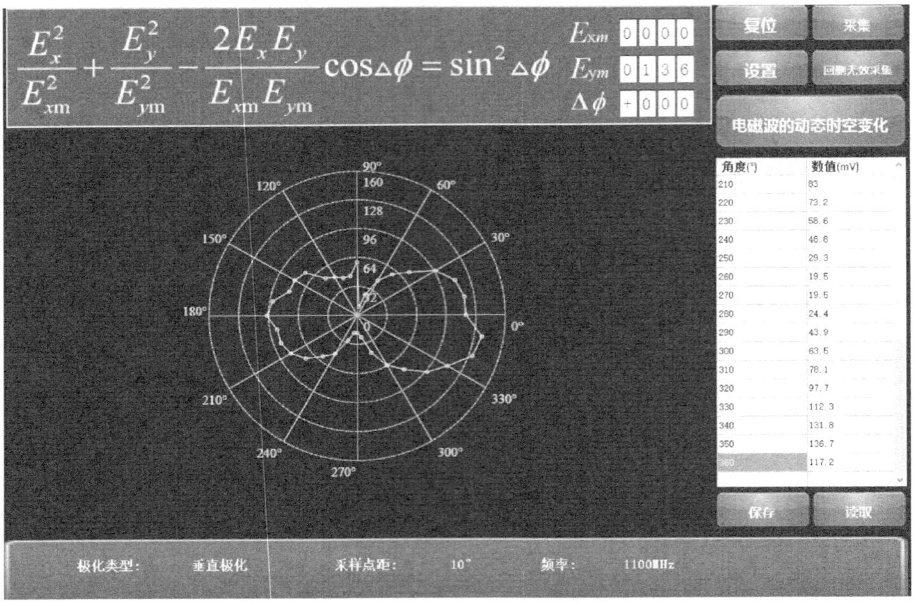

图 8-11　实验结果

8.8　实验结果讨论

(1) 相同条件下,选择垂直极化类型,连续旋转俯仰角云台和连续旋转方位角云台所得到的极化图有差别吗? 如果有,为什么?

(2) 相同条件下,选择水平极化类型,连续旋转俯仰角云台和连续旋转方位角云台所得到的极化图有差别吗? 如果有,为什么?

(3) 相同条件下,选择左旋圆极化类型,连续旋转俯仰角云台和连续旋转方位角云台所得到的极化图有差别吗? 如果有,为什么?

(4) 相同条件下,选择右旋圆极化类型,连续旋转俯仰角云台和连续旋转方位角云台所得到的极化图有差别吗? 如果有,为什么?

(5) 相同条件下,连续旋转俯仰角云台,在垂直极化、水平极化、左旋圆极化及右旋圆极化四种极化类型下,得到的极化图有什么区别?

(6) 相同条件下,连续旋转方位角云台,在垂直极化、水平极化、左旋圆极化及右旋圆极化四种极化类型下,得到的极化图有什么区别?

(7) 当空间辐射电波的极化方式固定后,如果采用与辐射电波天线极化特征不一致的感应器(或天线),得到的极化图会有什么样的改变?

8.9　拓展与应用

（1）实验系统装置不动，将射频电缆分别连接到 C 端和 D 端，在实验操作界面中，“设置”中对应选择左旋圆极化和右旋圆极化，改变公式栏中的相位差 $\Delta\phi$，使其不等于 $\pi/2$，即此时的左旋圆极化和右旋圆极化分别变为左旋椭圆极化和右旋椭圆极化。然后，按照采样点距采样，即可得到左旋椭圆极化和右旋椭圆极化的极化图。

（2）尝试做一种圆极化感应器（推荐设计制作螺旋轴向感应器），重复上述实验，观察并分析实验结果；改变圆极化感应器的旋向，重复上述实验，观察并分析实验结果。

（3）分析卫星通信电波的极化特征。

8.10　总结及心得体会

根据本次实验实际操作，总结实验过程中出现的问题，并描述是如何解决该问题的，以及从本次实验中学到了什么。字数不得少于 100 字。

8.11　实验报告要求

（1）详细记录观察到的实验现象与结果。

（2）完成数据的整理，并依据实验数据，分析电磁波的极化形式。

（3）讨论电磁波不同极化收发的规律。

（4）对实验结果进行讨论分析，按照标准实验报告的格式完整写出整个实验过程，并按时上交实验报告。

第 9 章

电磁屏蔽验证实验

9.1 实验目的

（1）了解电磁屏蔽技术及其目的。

（2）了解熟悉屏蔽无源干扰和屏蔽的作用原理。

（3）了解屏蔽体的类型及其划分方法。

（4）了解实现电磁屏蔽的方法及其屏蔽原理。

（5）了解熟悉电磁屏蔽的工程意义。

9.2 实验器材

JMX-EMWLab 电磁波综合实验教学系统、反射组件、直径 1 mm 的铜丝、小十字改刀、尖嘴钳、M2.5 小螺钉、四极化发射天线、射频电缆、云台、架轨。

9.3 实验原理

电磁屏蔽就是两个空间域之间进行金属隔离，以控制电场、磁场和电磁波由一个区域对另一个区域的感应和辐射，具体地讲，就是用屏蔽体将元部件、电路、组合件、电缆或整个系统的干扰源包围起来，防止电磁场向外扩散。因为屏蔽体对来自导线、电缆、元部件、电路或系统等外部的感应电磁波和内部电磁波均起着吸收能量（涡流损耗）、反射能量（电磁波在屏蔽体上的界面反射）和抵消能量（电磁感应在屏蔽层上产生反向电磁场）的作用。从广义上讲，所谓屏蔽就是用技术手段将电磁能量限制在规定的空间范围内。比如，电子干扰是利用本身不发射电磁波的金属、反射器或电波吸收体等器材，反射或吸收天线设备发射的电磁波,使其效能受到削弱或破坏。

在解决电磁干扰问题的诸多手段中,电磁屏蔽是最常用与有效的,用电磁屏蔽的方法来解决电磁干扰问题的最大好处是不会影响电路的正常工作,因此不必对电路做任何修改。但是屏蔽体如果应用不当,会大大降低电磁屏蔽的效果。

9.3.1　电磁屏蔽原理

许多人不了解电磁屏蔽的原理,认为只要用金属做一个箱子,然后将箱子接地,就能够起到电磁屏蔽的作用,在这种概念指导下操作的结果显然是失败。因为电磁屏蔽与屏蔽体接地与否并没有关系,真正影响屏蔽体屏蔽效能的只有两个因素:一个是整个屏蔽体表面必须是导电连续的;另一个是不能有直接穿透屏蔽体的导体。屏蔽体上有很多导电不连续点,其中最主要的一类是屏蔽体不同部分结合处形成的不导电缝隙。这些不导电的缝隙就产生了电磁泄漏,如同流体会从容器上的缝隙泄漏一样。解决这种电磁泄漏的一个方法是在缝隙处填充导电弹性材料,消除不导电点。这就像在流体容器的缝隙处填充橡胶的道理一样。这种导电弹性填充材料就是电磁密封衬垫。许多文献中将电磁屏蔽体比喻成液体密封容器,似乎只有当用导电弹性材料将缝隙密封到滴水不漏的程度才能够防止电磁波泄漏,实际上这是不确切的。因为缝隙或孔洞是否会泄漏电磁波,取决于缝隙或孔洞相对于电磁波波长的尺寸。当波长远大于开口尺寸时,并不会产生明显的泄漏。

具体来说:① 当电磁波到达屏蔽体表面时,由于空气与金属的交界面上阻抗不连续,对入射波产生了反射,这种反射不要求屏蔽材料必须有一定的厚度,只要求交界面上阻抗不连续;② 未被表面反射掉而进入屏蔽体的能量,在屏蔽体内向前传播的过程中被屏蔽材料所衰减,也就是所谓的吸收;③ 在屏蔽体内尚未衰减掉的剩余能量,传到材料的另一表面时,遇到金属－空气阻抗不连续的交界面,会再次形成反射,并重新返回屏蔽体内,这种反射在两个金属的交界面上可能发生多次。总之,屏蔽体是利用电磁波的反射和电磁波的吸收实现电磁的衰减,从而达到电磁屏蔽的目的。

9.3.2　屏蔽体

9.3.2.1　分类

根据屏蔽目的的不同,屏蔽体可分为静电屏蔽体、磁屏蔽体和电磁屏蔽体三种。

静电屏蔽体:由逆磁材料(如铜、铝)制成,并和地连接。静电屏蔽体的作用是使电场终止在屏蔽体的金属表面上,并把电荷转送入地。

磁屏蔽体:由磁导率很高的强磁材料(如钢)制成,可把磁力线限制于屏蔽体内。

电磁屏蔽体:主要用来遏止高频电磁场的影响,使干扰场在屏蔽体内形成涡流,并在屏蔽体与被保护空间的分界面上产生反射,从而大大削弱干扰场在被保护空间的场强值,达到屏蔽效果。有时为了增强屏蔽效果,还可采用多层屏蔽体:其外层一般采用电导率高的材料,以加大反射作用;其内层则采用磁导率高的材料,以加大涡流效应。

如果屏蔽体上出现洞穴或缝隙,将会直接降低屏蔽效果。频率愈高,这种现象愈显著。

9.3.2.2 功能

屏蔽体具有减弱干扰的功能:① 当干扰电磁场的频率较高时,利用低电阻率的金属材料中产生的涡流,形成对外来电磁波的抵消作用,从而达到屏蔽的效果;② 当干扰电磁波的频率较低时,要采用高导磁率的材料,将磁力线限制在屏蔽体内部,防止其扩散到被保护的空间;③ 在某些场合下,要求对高频和低频电磁场都具有良好的屏蔽效果时,往往采用不同的金属材料组成多层屏蔽体。

9.3.3 电磁屏蔽的目的

一方面,电磁波是电磁能量传播的主要方式,高频电路工作时,会向外辐射电磁波,对邻近的其他设备产生干扰。另一方面,空间的各种电磁波也会感应到电路中,对电路造成干扰。所以,电磁屏蔽的目的就是切断电磁波的传播途径,从而消除干扰。

9.3.4 电磁屏蔽的方法

这里主要介绍三种电磁屏蔽的方法:静电屏蔽、静磁屏蔽、电磁屏蔽。

9.3.4.1 静电屏蔽

为了避免外界电场对仪器设备的影响,或者为了避免电器设备的电场对外界的影响,用一个空腔导体把外电场遮住,使其内部不受影响,也不使电器设备对外界产生影响,这就叫作静电屏蔽。静电屏蔽分为外屏蔽和内屏蔽。

外屏蔽:空腔导体可以接地,也可以不接地,如图 9-1 所示。导体接地后被外场强推挤的正电荷通过导线导入大地,此时导体外表面只存在一种电荷,由于电场必须是从正电荷出发到负电荷结束,所以只有一种电荷的导体外表面是不会产生场强的,由此实现了屏蔽。

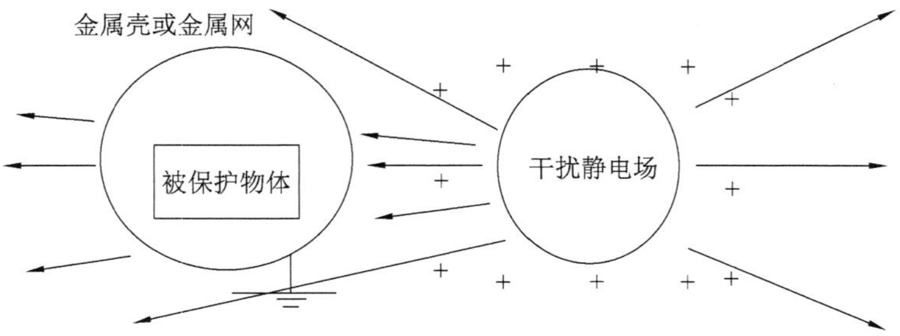

图 9-1 外屏蔽

注 意

外电场感应的电荷只会分布在导体外表面,内表面没有电荷。

内屏蔽:空腔导体必须接地,如图 9-2 所示。不接地时,导体外表面会有感应电荷,接地后外表面感应电荷被大地中和。

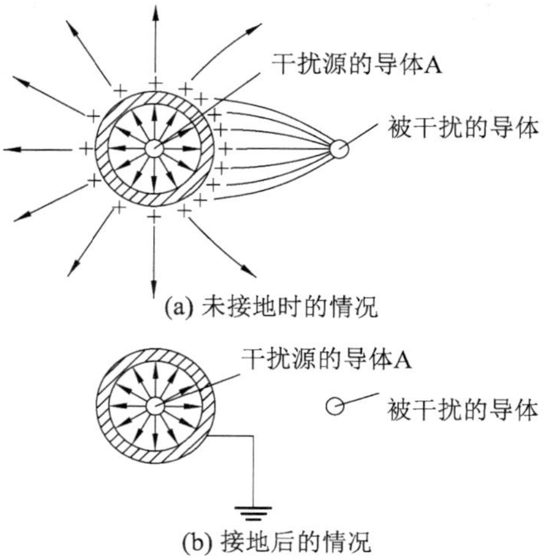

图 9-2 内屏蔽

注 意

内电场感应的电荷会分布在导体内外表面两侧。

9.3.4.2 静磁屏蔽

静磁场是稳恒电流或者永久磁体产生的磁场。静磁屏蔽是利用高磁导率的铁磁材料做成屏蔽罩以屏蔽外磁场。它与静电屏蔽作用类似而又有所不同。静磁屏蔽的原理可以用磁路的概念来说明。如果将铁磁材料做成回路,则在外磁场中,绝大部分磁场集中在铁磁回路中。这可以把铁磁材料与空腔中的空气作为并联磁路来分析。因为铁磁材料的磁导率比空气的磁导率要高几千倍,所以空腔的磁阻比铁磁材料的磁阻大得多,外磁场的磁感应线的绝大部分将沿着铁磁材料壁内通过,而进入空腔的磁通量极少。这样,被铁磁材料屏蔽的空腔就基本上没有外磁场,从而达到静磁屏蔽的目的。材料的磁导率愈高,筒壁愈厚,屏蔽效果就愈显著。因常用磁导率高的铁磁材料如软铁、硅钢、坡莫合金做屏蔽层,故静磁屏蔽又叫铁磁屏蔽。这种屏蔽方式既能屏蔽外磁场又能屏蔽内磁场。

9.3.4.3 电磁屏蔽

在电磁场(电磁波)中,导体表面将要吸收、损耗电磁场的能量,使得电磁场的传播从导体表面往里面呈指数式衰减(即电场和磁场的振幅呈指数式衰减),这种现象就是趋肤效应。利用趋肤效应即可阻止高频电磁波进入导体内部,以实现电磁屏蔽(见图 9-3),因此可采用适当厚度的金属来制作电磁屏蔽罩。由于趋肤电流是一种涡流,所以电磁屏蔽又称为涡流屏蔽。为了获得有效的电磁屏蔽效果,导体屏蔽层的厚度必须接近电磁场的趋肤深度。电导率越高的材料，趋肤深度就越小。对于 500 kHz 的广播频率，铜和铝的趋肤深度分别约为 0.094 mm 和 0.12 mm，因此铜片和铝片就能够实现较好的屏蔽效果；对于更高频率的电磁场，还可以使用更薄的材料。对于高频电磁场，一般不采用铁磁材料，因为铁磁材料有较大的磁滞损耗和涡流损失，会造成谐振回路品质因数（Q 值）下降，故较多采用高电导率材料的电磁屏蔽。

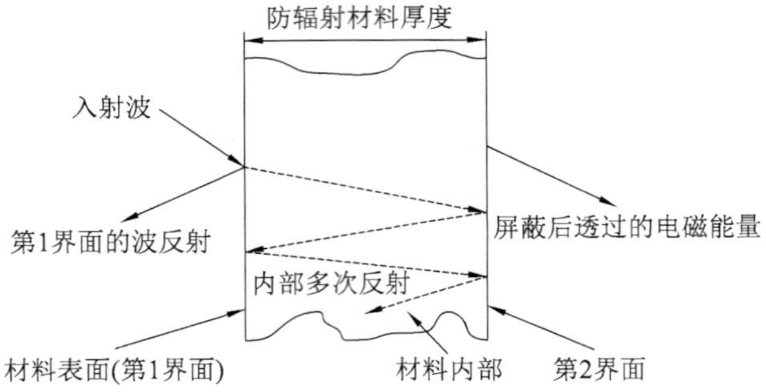

图 9-3　电磁屏蔽

所谓电磁屏蔽就是利用屏蔽体对电磁波产生衰减的作用。这种作用的大小用屏蔽效能来度量。用屏蔽体将元部件、电路、组合件、电缆或整个系统的干扰源包围起来，可防止干扰电磁场向外扩散；用屏蔽体将接收电路、设备或系统包围起来，可防止它们受到外界电磁场的影响。

一般选择有较高的电导率和磁导率的导体作为屏蔽物的材料。因为高导电性材料在电磁波的作用下将产生较大的感应电流，这些电流按照楞次定律将削弱电磁波的透入。采用的金属网孔愈密，直到采用整体的金属壳，屏蔽的效果愈好，但所费的材料愈多。

高导磁性的材料可以引导磁力线较多地通过这些材料，从而减少被屏蔽区域中的磁力线。屏蔽物通常是接地的，以避免积累电荷的影响。电磁波向大块金属透入时将不断衰减，直到衰减为零。衰减的程度随着材料的电导率、磁导率及电磁波频率的增加而加大。

屏蔽的要求较高时，往往采用多层屏蔽。例如，有时采用铸铁、坡莫合金、电解铜三种材料制成多层屏蔽，以满足导电、导磁等要求。但是实现完全的屏蔽是很难办到的，因为被屏蔽的区域与其余区域之间往往仍需要有电路的连接，引线与引线、引线与外壳之间总是存在着绝缘间隙，仍然为电磁波提供通道。即使是完全封闭的金属壳，在频率极低的外部电磁场的作用下，理论上内部的磁通密度也不为零。

电磁场在导电介质中传播时，其场量（$\vec{E}$ 和 $\vec{H}$）的振幅随距离的增加按指数规律衰减。

从能量的观点看，电磁波在导电介质中传播时有能量损耗，因此，表现为场量振幅的减小。导体表面的场量最大，愈深入导体内部，场量愈小，这种现象称为趋肤效应。利用趋肤效应可以阻止高频电磁波透入良导体而做成电磁屏蔽装置。它比静电、静磁屏蔽更具有普遍意义。电磁屏蔽是抑制干扰,增强设备的可靠性及提高产品质量的有效手段。

合理地使用电磁屏蔽,可以抑制外来高频电磁波的干扰,也可以避免自身设备/元件作为干扰源去影响其他设备。如在收音机中,用空芯铝壳罩在线圈外面,使它不受外界时变场的干扰,从而避免杂音。音频馈线用屏蔽线也是这个道理。示波管用铁皮包着,也是为了使杂散电磁场不影响电子射线的扫描。在金属屏蔽壳内部的元件或设备所产生的高频电磁波也透不出金属壳而不致影响外部设备。

电屏蔽的实质是减小两个设备(或两个电路、组件、元件)间电场感应的影响。电屏蔽的原理是在保证良好接地的条件下,将干扰源所产生的干扰终止于由良导体制成的屏蔽体。因此,接地良好及选择良导体作为屏蔽体是电屏蔽起作用的两个关键因素。

磁屏蔽的原理是由屏蔽体对干扰磁场提供低磁阻的磁通路,从而对干扰磁场进行分流。因此,选择钢、铁、坡莫合金等高磁导率的材料和设计盒、壳等封闭壳体成为磁屏蔽的两个关键因素。

根据干扰源相对于屏蔽体的位置(在屏蔽体的内部或外部)可分为主动屏蔽与被动屏蔽。若干扰源在屏蔽体外部,屏蔽体用来防止干扰场进入被屏蔽空间,则称这种屏蔽结构为被动屏蔽;若干扰源在屏蔽体内部,屏蔽体用来防止干扰场泄漏到外部空间,则称这种屏蔽结构为主动屏蔽。主动屏蔽不适用于高频,而专门用于低频。被动屏蔽多用于屏蔽对象与干扰源相距较远的场合,如屏蔽室等。

电磁屏蔽和静电屏蔽有相同点也有不同点。相同点是都应用高电导率的金属材料来制作。不同点是静电屏蔽只能消除电容耦合,防止静电感应,屏蔽体必须接地;而电磁屏蔽是使电磁场只能透入屏蔽体薄层,借涡流消除电磁场的干扰,这种屏蔽体可不接地。但因用作电磁屏蔽的导体增加了静电耦合,因此即使只进行电磁屏蔽,也还是接地为好,这样电磁屏蔽也同时起到静电屏蔽作用。

9.3.5　屏蔽标准

如今关于产品辐射和传导发射限制的国家标准和国际标准有许多,有些还规定了对各种干扰的最低敏感度要求。通常,对于不同类型的电子设备有不同的标准。虽然一个产品要获得市场的认可,满足这些标准是必要的,但符合这些标准是自愿的。但有些国家给出的是规范,而不是标准,因此要在这些国家销售产品,符合规范是强制性的。有些规范不仅规定了标准,还赋予了当局罚没不符合产品的权力。

电磁兼容性(electromagnetic compatibility,EMC)是指某电器电子设备既不干扰其他设备,同时也不受其他设备的影响。电磁兼容性和人们所熟悉的安全性一样,是产品质量最重要的指标之一,它涉及人身和环境保护。在日常生活中我们经常会遇到这样一些情况:当我们正常收听广播或收看电视节目的时候,如果户外有汽车驶过,很容易造成收听或收看质量下降;当我们在家玩电子游戏机时,常常造成邻居家电视机的某些频道无法正常收看。这说明,凡有电、有开关的设备均会产生电磁干扰。

电磁兼容标准分为基础标准、通用标准、产品类标准和专用产品标准。

基础标准描述了 EMC 现象,规定了 EMC 测试方法、设备,定义了等级和性能判据。基础标准不涉及具体产品。

通用标准是按照设备使用环境划分的,当产品没有特定的产品类标准可以遵循时,使用通用标准来进行 EMC 测试。为使设备的功能完全正常,也要满足这些标准的要求。

产品类标准是根据特定产品类别而制定的电磁兼容性能的测试标准。它包含产品的电磁骚扰发射和产品的抗扰度要求两方面内容。产品族标准中所规定的试验内容及限值应与通用标准相一致,但与通用标准相比较,产品族标准根据产品的特殊性,在试验内容的选择、限值及性能的判据等方面有一定特殊性(如增加试验的项目和提高试验的限值)。产品族标准是电磁兼容性标准中占据份额最多的一类标准。如 EN55014,EN55015,EN55022,EN55011 和 EN55013 分别是关于家用电器和电动工具、照明灯具、信息技术设备、工科医用射频设备、声音和广播电视接收设备的无线电骚扰特性测量及限值的标准,这些标准分别代表了一个大类产品对电磁骚扰发射限度的要求。

专用产品标准通常不单独形成电磁兼容标准,而以专门条款的形式包含在产品的通用技术条件中。专用产品标准对电磁兼容的要求与相应的产品族标准相一致,在考虑了产品的特殊性之后,也可增加试验项目和对电磁兼容性能要求作某些改变。与产品族标准相比,专用产品标准对电磁兼容性的要求更加明确,而且还增加了对产品性能试验的判据。对试验方法,应由试验人员参照相应基础标准进行。

在汽车电器电子设备或系统的开发与设计过程中要采取正确的防护措施(屏蔽、滤波等),减少本身的发射、线路的传导,从硬件及软件设计着手提高设备或系统的抗扰性能。中国汽车电磁兼容的研究始于 20 世纪 90 年代,到 2005 年制定的标准有如下方面:汽车对外电磁辐射标准(GB 14023—2000)、用于保护车载接收机的电磁辐射标准(GB 18655—2002)、汽车电子设备应耐受的辐射骚扰的强度标准(GB/T 17619—1998)、电动车辆对外电磁辐射标准(GB/T 18387—2001)等。

9.4 实验内容

(1)在四极化发射天线和接收感应器之间不加入任何屏蔽体,按下电磁波发射开关 TX 按钮时,观察感应器上白炽灯的亮度。

(2)在四极化发射天线和接收感应器之间放置一只手,按下电磁波发射开关 TX 按钮,观察手以不同角度及不同位置遮挡时,感应器上白炽灯的亮度。

(3)在四极化发射天线和接收感应器之间放置反射组件,按下电磁波发射开关 TX 按钮,观察反射组件在不同位置时,感应器上白炽灯的亮度。

9.5　实验步骤

(1)将四极化发射天线、云台、半波对称振子感应器组装在架轨上,整个实验装置如图 9-4 所示。

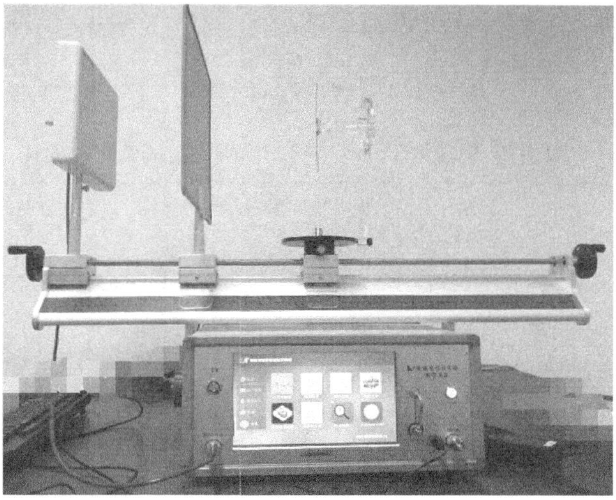

图 9-4　实验装置

(2) 打开电磁波综合实验教学系统的电源开关和系统开关,点击系统主界面上的"辐射特性"实验模块,进入操作界面后,保持一切默认值不变。(在这个实验模块中,发现电磁辐射到空间的能量相对较高,容易观察感应器上白炽灯的亮度变化。)

(3) 将射频电缆接至四极化发射天线背面的 A,B,C,D 四个端口中的一个。

(4) 将半波对称振子感应器固定在距离发射天线 25 cm 位置处,按下电磁波发射开关 TX 按钮,观察感应器上白炽灯的亮度变化。

(5) 在半波对称振子感应器和发射天线之间加入一只手,观察手以垂直、水平和其他角度遮挡时,白炽灯的亮度相比于步骤(4)中观察到的亮度的变化,并将变化情况记录在表 9-1 中。

(6) 在半波对称振子感应器和发射天线之间加入一只手,手的遮挡角度不变,观察手遮挡的位置改变时,白炽灯的亮度相比于步骤(4)中观察到的亮度的变化,并将变化情况记录在表 9-1 中。

(7) 在半波对称振子感应器和发射天线之间加入反射组件,观察反射组件在不同位置时,白炽灯的亮度相比于步骤(4)中观察到的亮度的变化,并将变化情况记录在表 9-1中。

（8）实验结束，将实验器材整理好放回实验配件盒中，关闭系统开关和电源开关。

注 意

①按下电磁波发射开关TX按钮时，若没有功率输出，应立即停止TX发射，检查射频电缆的公头与N-SMA射频连接头之间是否连接牢固；②检查射频电缆小头的SMA端与天线的输入端口是否牢固连接；③检查四极化发射天线中未与射频电缆连接的SMA端口是否用短路负载封堵；④尽量减少按下TX按钮的时间，以免影响其他小组的测试准确性；⑤测试时尽量避免人员走动，以免人体反射影响测试结果。

表9-1 屏蔽体不同状态时白炽灯亮度的变化程度

发射天线端口	半波对称振子感应器的放置角度				
	水平	垂直	30°	45°	60°
A					
B					
C					
D					

9.6 实验结果记录

（1）没有屏蔽体时的白炽灯亮度情况。

（2）以手为屏蔽体时，不同的遮挡角度的白炽灯亮度情况。

（3）以手为屏蔽体时，相同的遮挡角度，但位置不同时的白炽灯亮度情况。

（4）以反射组件为屏蔽体时，反射组件在不同位置处的白炽灯亮度情况。

9.7 实验结果讨论

（1）与没有屏蔽体相比，以手作为屏蔽体，白炽灯的亮度变化是怎样的？产生这种变化的原因是什么？

（2）与没有屏蔽体相比，以反射组件作为屏蔽体，白炽灯的亮度变化是怎样的？产生这种变化的原因是什么？

（3）手的不同遮挡方式，对电磁屏蔽的影响效果是怎样的？原因是什么？

(4) 相同的手的遮挡方式,随着手的移动,白炽灯的亮度有变化吗? 如果有,是什么样的变化? 产生这种变化的原因是什么?

(5) 反射组件的位置变化对电磁屏蔽的效果有影响吗? 如果有,影响是怎样的? 为什么会造成这种影响?

9.8 拓展与应用

用金属等相关的屏蔽体材料制作出不同形式的屏蔽体,按照本实验的步骤进行电磁屏蔽的验证。

9.9 总结及心得体会

根据本次实验实际操作,总结实验过程中出现的问题,并描述是如何解决该问题的,以及从本次实验中学到了什么。字数不得少于 100 字。

9.10 实验报告要求

(1)详细记录观察到的实验现象与结果。

(2)讨论不同形式的屏蔽体的电磁屏蔽效应。

(3)对实验结果进行讨论分析,按照标准实验报告的格式完整写出整个实验过程,并按时上交实验报告。

第 10 章

电磁兼容——屏蔽效能实验

10.1 实验目的

(1) 了解电磁屏蔽及其主要应用领域。

(2) 了解电磁屏蔽效能是如何定义的。

(3) 了解电磁屏蔽体如何处理通风孔等的电磁泄漏。

(4) 了解电磁兼容(EMC)。

(5) 掌握电磁屏蔽效能的测试方法。

(6) 了解影响屏蔽效能的主要因素。

(7) 了解屏蔽效能与电磁波频率的关系。

10.2 实验器材

JMX-EMWLab 电磁波综合实验教学系统、JMX-EMC 电磁兼容综合实验组件(见图 10-1)、JMX-ED 检波模块(见图 10-2)、高速 USB 2.0 电缆线、四极化发射天线、射频电缆、架轨。

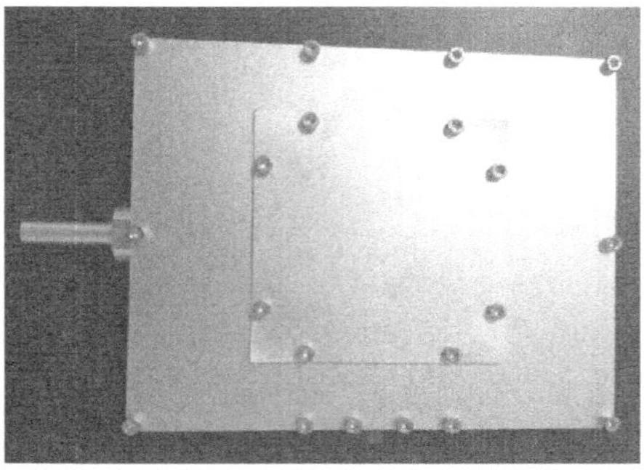

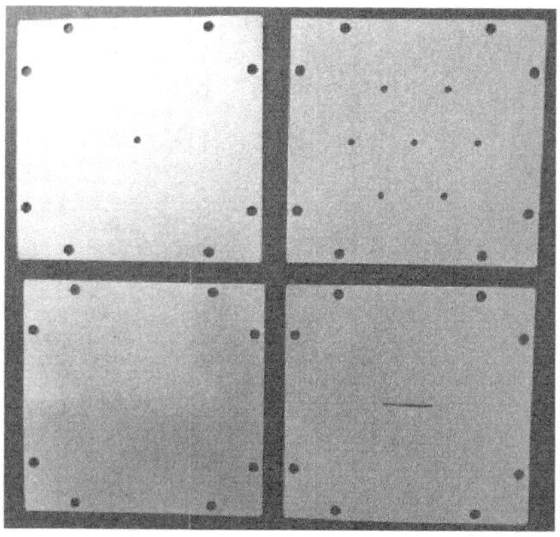

图 10-1　JMX-EMC 电磁兼容综合实验组件

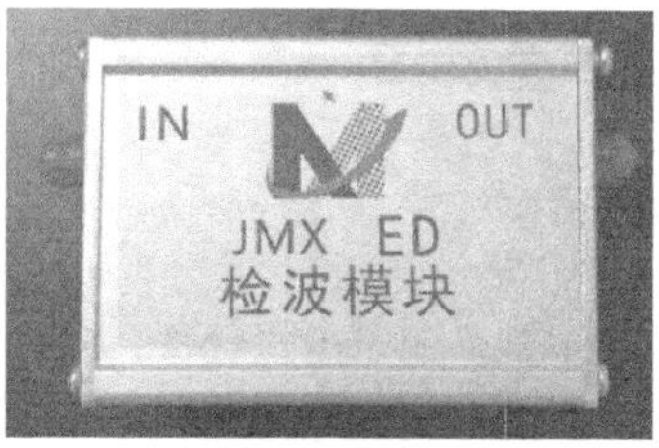

图 10-2　JMX-ED 检波模块

10.3　实验原理

10.3.1　电磁屏蔽原理

电磁屏蔽是用屏蔽体阻止高频电磁能量在空间传播的一种措施，用来制作屏蔽体的材料是金属导体或其他对电磁波有衰减作用的材料。电磁屏蔽体对电磁波产生衰减的原理如图 10-3 所示。

对于电磁屏蔽机理的分析，可以应用电路理论，即根据电磁感应原理，通过屏蔽体上涡流的屏蔽效应来分析计算电磁屏蔽；也可以应用电磁场理论，分析计算电磁波在不同介质分界面上的反射和在介质中传播时的衰减；还可以应用传输线理论，计算行波在有损耗非均匀传输线中产生的反射和衰减。

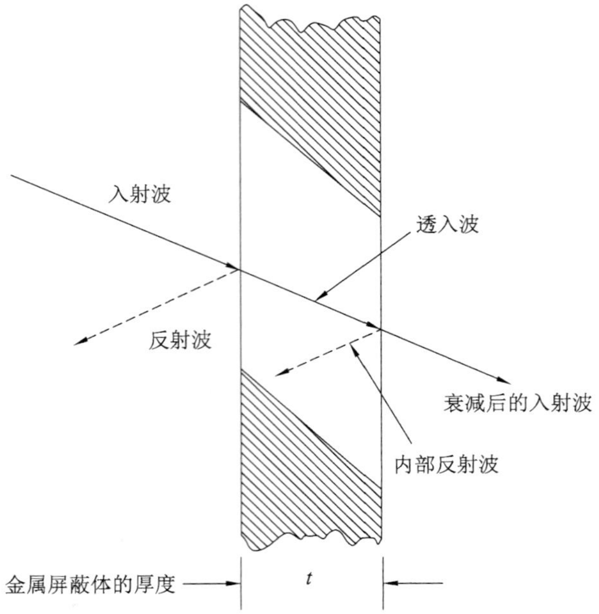

图 10-3　电磁屏蔽体对电磁波产生衰减的原理

10.3.2　屏蔽

屏蔽有两个目的:一是限制内部辐射的电磁能量泄漏出该内部区域;二是防止外来的辐射干扰进入某一区域。屏蔽作用是通过一个将上述区域封闭起来的壳体实现的。这个壳体可做成板式、网状式及金属编织带式等,其材料可以是导电的、导磁的、介质的,也可以是带有非金属吸收材料的。

屏蔽的分类方法有很多种。根据屏蔽的工作原理,可以将屏蔽分为三大类:电屏蔽、磁屏蔽和电磁屏蔽。电屏蔽的屏蔽体使用良导体制作,并且有良好的接地。这样就把电场终止于导体表面,并通过地线中和导体表面上的感应电荷,从而防止由静电耦合产生的相互干扰。磁屏蔽主要用于低频条件下,其屏蔽体使用高导磁率材料构成低磁阻通路,把磁力线封闭在屏蔽体内,从而阻挡内部磁场向外扩散或外界磁场干扰进入,有效防止低频磁场的干扰。电磁屏蔽主要用于高频条件下,利用电磁波在导体表面上的反射和在导体中传播的急剧衰减来隔离时变电磁场的相互耦合,从而防止高频电磁场的干扰。这三种类型的屏蔽没有必要进行对比,正如静电场和静磁场是电磁场的特殊情况一样,电屏蔽和磁屏蔽是电磁屏蔽的特殊类型。

根据屏蔽的对象不同,又可以把屏蔽分为主动屏蔽和被动屏蔽。主动屏蔽的屏蔽对象是干扰源,限制由干扰源产生的有害电磁能量向外扩散。被动屏蔽的屏蔽对象是敏感体,防止外部电磁干扰对它产生有害影响。图 10-4 是被动屏蔽的电屏蔽原理示意图。

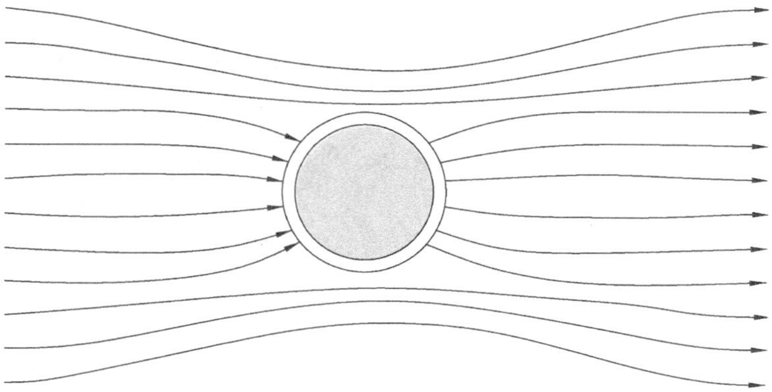

图 10-4　被动屏蔽的电屏蔽原理示意图

导体处于静电平衡状态,导体表面的各处均处于等电位,其内部空间就不会出现电力线,实现了对外界电场的屏蔽作用。从原理上说,被动屏蔽的屏蔽体可不必接地。但实际应用中屏蔽体的内部空间同外部是不可能完全绝缘的,多少总会有直接或间接的静电耦合,即屏蔽是不完善的。因此,仍应将屏蔽体接地,使其保持等电位,以保证有效地屏蔽。

10.3.3　电磁屏蔽效能 *SE*

10.3.3.1　*SE* 的定义

不同材料制成的屏蔽体的屏蔽性能是不一样的,因此定义了这样一个概念——屏蔽效能,用来定量评价各种屏蔽体的性能。屏蔽效能(*SE*)的定义如下:在空间某点上未加屏蔽时的电场强度 E_0(或磁场强度 H_0)与加屏蔽后该点的电场强度 E_1(或磁场强度 H_1)的比值,表示为

$$SE = E_0/E_1 \text{ 或 } SE = H_0/H_1$$

如果用分贝表示,可以表示为

$$SE = 20\lg\frac{E_0}{E_1}(\mathrm{dB})$$

金属平板的屏蔽效能为

$$SE = R + A + B$$

其中,A 表示吸收损耗(传输损耗),它与材料厚度呈线性增加,并与材料的电导率和磁导率有关;R 表示在屏蔽体表面产生的反射损耗,它不仅与材料的表面阻抗有关,而且与辐射源的类型及屏蔽体到辐射源的距离有关;B 表示屏蔽体内多次反射的损耗。

10.3.3.2　非理想屏蔽体

关于屏蔽体,前面均假设屏蔽材料为均匀连续的,且认为金属平面尺寸很大,因而既不存在泄漏,也不产生边缘效应。但实际上,这种理想屏蔽体是不存在的。以电子设备的机箱为例,由于电气连接电缆进出、通风散热、测试与观察及电表安装等的需要,总是要在

机箱上打孔。另外，构成箱体时总是存在金属面间的接缝和两金属极间置入金属衬垫后形成的开口与缝隙。这样，电磁能量就会通过孔洞、缝隙泄漏，导致屏蔽效能降低。非实心型屏蔽体的屏蔽效能为

$$SE = A_a + R_a + B_a + K_1 + K_2 + K_3$$

其中，A_a 为孔的传输衰减，R_a 为孔的单次反射损耗，B_a 为孔的多次反射损耗，K_1 为与孔的个数有关的修正项，K_2 为由趋肤深度不同引入的低频修正项，K_3 为由相邻孔间相互耦合引入的修正项。

10.4 实验内容

（1）将 JMX-EMC 电磁兼容综合实验组件放置在距离发射天线 30 cm 处的位置。

（2）屏蔽盒窗口上不安装任何屏蔽盖时，按下电磁波发射开关 TX 按钮，观察屏幕上自动扫描的波形及对应的采集数据。

（3）屏蔽盒窗口上安装单孔屏蔽盖时，按下电磁波发射开关 TX 按钮，观察屏幕上自动扫描的波形及对应的采集数据。

（4）屏蔽盒窗口上安装孔阵列屏蔽盖时，按下电磁波发射开关 TX 按钮，观察屏幕上自动扫描的波形及对应的采集数据。

（5）屏蔽盒窗口上安装单缝屏蔽盖且垂直放置时，按下电磁波发射开关 TX 按钮，观察屏幕上自动扫描的波形及对应的采集数据。

（6）屏蔽盒窗口上安装单缝屏蔽盖且水平放置时，按下电磁波发射开关 TX 按钮，观察屏幕上自动扫描的波形及对应的采集数据。

（7）屏蔽盒窗口上安装全封闭屏蔽盖时，按下电磁波发射开关 TX 按钮，观察屏幕上自动扫描的波形及对应的采集数据。

（8）屏蔽盒窗口上同时安装单孔屏蔽盖和单缝屏蔽盖时，按下电磁波发射开关 TX 按钮，观察屏幕上自动扫描的波形及对应的采集数据。

10.5 实验步骤

（1）将四极化发射天线、JMX-EMC 电磁兼容综合实验组件、JMX-ED 检波模块、高速 USB 2.0 电缆线正确安装在架轨上，整个实验装置如图 10-5 所示。

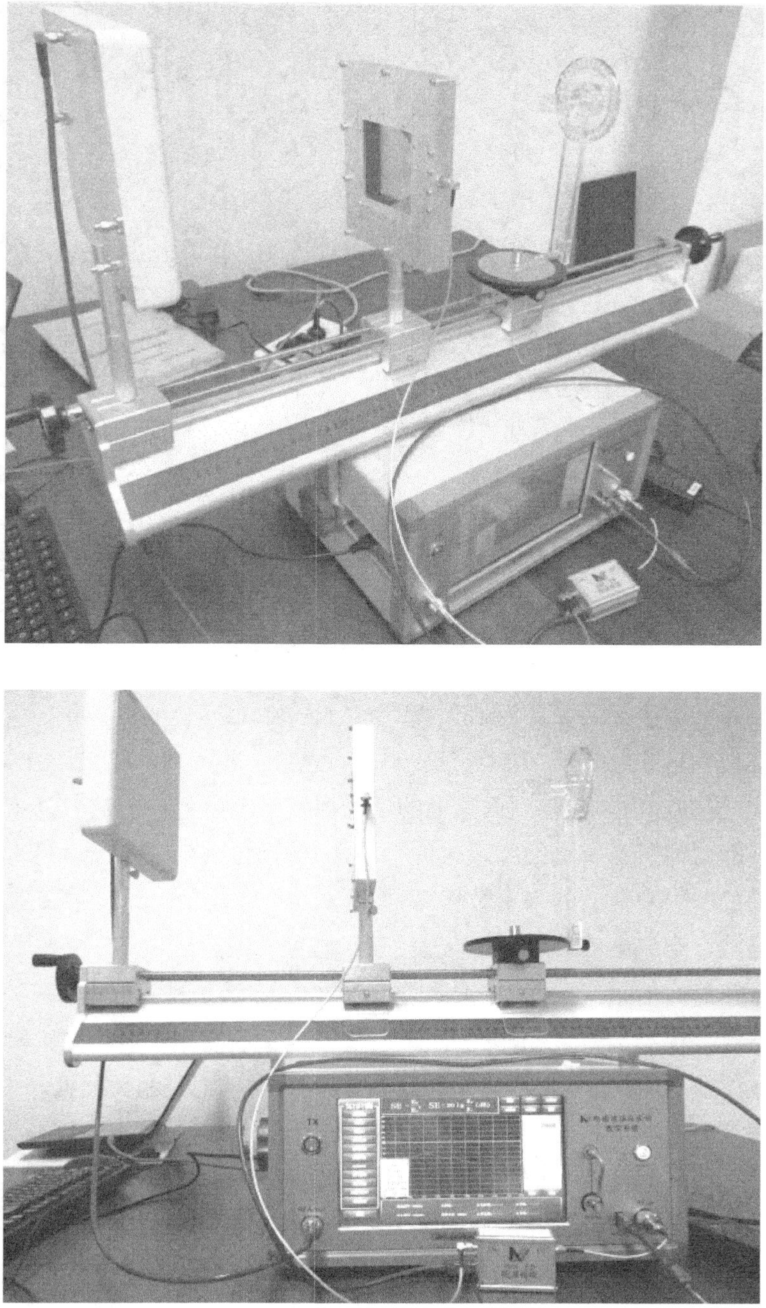

图 10-5　实验装置

（2）打开电磁波综合实验教学系统的电源开关和系统开关，点击系统主界面上的“电磁兼容”实验模块，进入操作界面后，点击“设置”，设置扫描的起始频率、终止频率及采样点距，如图 10-6 所示。

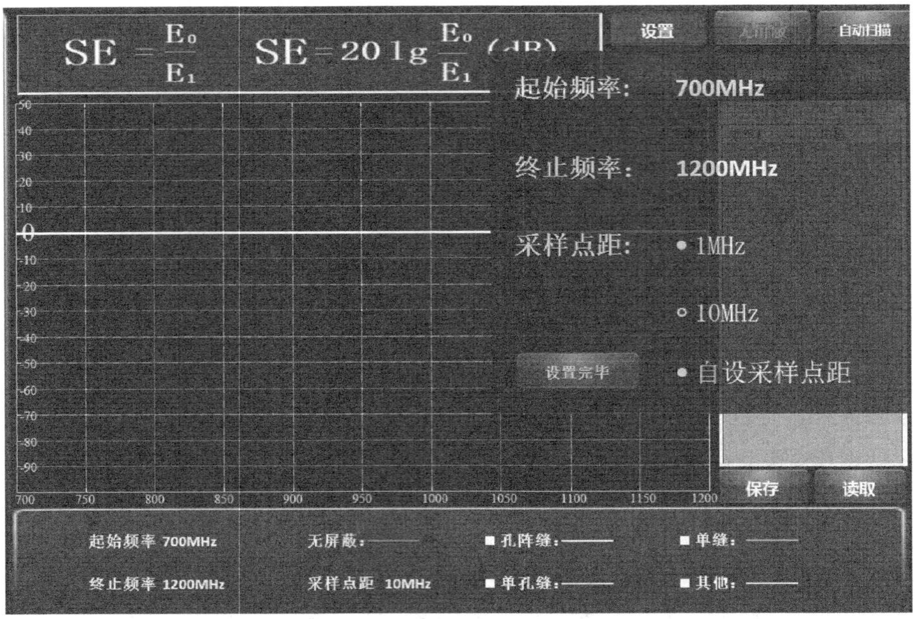

图 10-6 “电磁兼容”实验界面参数设置

(3) 将射频电缆接至四极化发射天线背面的 A 端口,建立紧固连接。

(4) 将屏蔽盒固定在距离发射天线 30 cm 位置处,屏蔽盒的输出端连接检波装置的输入端,检波装置的输出端连接到面板上的信号源接收端(RF-in),然后开始扫描。

(5) 将屏蔽盒窗口上所有的屏蔽盖拆卸下来,按下电磁波发射开关 TX 按钮,观察屏幕上自动扫描的波形及对应的采集数据,并按照表 10-1 的内容记录相关数据。

(6) 在屏蔽盒窗口上安装单孔屏蔽盖,按下电磁波发射开关 TX 按钮,观察屏幕上自动扫描的波形及对应的采集数据,并按照表 10-1 的内容记录相关数据。

(7) 在屏蔽盒窗口上安装孔阵列屏蔽盖,按下电磁波发射开关 TX 按钮,观察屏幕上自动扫描的波形及对应的采集数据,并按照表 10-1 的内容记录相关数据。

(8) 在屏蔽盒窗口上安装单缝屏蔽盖且垂直放置,按下电磁波发射开关 TX 按钮,观察屏幕上自动扫描的波形及对应的采集数据,并按照表 10-1 的内容记录相关数据。

(9) 在屏蔽盒窗口上安装单缝屏蔽盖且水平放置,按下电磁波发射开关 TX 按钮,观察屏幕上自动扫描的波形及对应的采集数据,并按照表 10-1 的内容记录相关数据。

(10) 在屏蔽盒窗口上安装全封闭屏蔽盖,按下电磁波发射开关 TX 按钮,观察屏幕上自动扫描的波形及对应的采集数据,并按照表 10-1 的内容记录相关数据。

(11) 在屏蔽盒窗口上同时安装单孔屏蔽盖和单缝屏蔽盖,按下电磁波发射开关 TX 按钮,观察屏幕上自动扫描的波形及对应的采集数据,并按照表 10-1 的内容记录相关数据。

(12) 根据采集的数据,计算出不同频率、安装不同屏蔽盖时屏蔽盒的屏蔽效能,并填入表 10-1 中。

（13）实验结束，将实验器材整理好放回实验配件盒中，关闭系统开关和电源开关。

注　意

① 用高频电缆接头连接电磁屏蔽装置、微波信号源等实验设备时，应沿直线对准，先轻轻旋转接头，感觉平顺旋入后，略用力旋紧，不可在有阻力的情况下用力旋转；② 实验用螺丝刀、屏蔽盖板、高频接头等部件应小心轻放，避免跌落，防止高频部件摔坏变形，拧动高频接头前用手扶住仪器或实验装置，以免设备滑落，或发生碰撞；③ 测试时，各小组保持一定的距离，并采用频率不同的交错布局，尽量避免人员走动，实验平台应与仪器和操作人员有一定距离，以免影响测量的准确性；④ 用螺丝刀安装和更换屏蔽盖板时，使用力量应适度和保持平稳，以免破坏铝制螺纹，影响屏蔽盒的屏蔽效能。

表 10-1　屏蔽效能与信号电平数据

峰值频率点											
无屏蔽盖信号电平											
通风孔	信号电平										
	屏蔽效能										
缝隙	信号电平										
	屏蔽效能										

10.6　实验结果记录

（1）无屏蔽时的扫描波形，以及峰值频率点。

（2）单孔屏蔽时的扫描波形，以及峰值频率点和屏蔽效能。

（3）孔阵列屏蔽时的扫描波形，以及峰值频率点和屏蔽效能。

（4）单缝屏蔽且垂直放置时的扫描波形，以及峰值频率点和屏蔽效能。

（5）单缝屏蔽且水平放置时的扫描波形，以及峰值频率点和屏蔽效能。

（6）单孔屏蔽与单缝屏蔽组合时的扫描波形，以及峰值频率点和屏蔽效能。

10.7 实验案例

选择单孔屏蔽和无屏蔽作对比，自动扫描的范围为 900 ~ 1 500 MHz，采样点距设为 5 MHz。扫描结束后，观察两种屏蔽方式下的曲线结果，并通过“显示效能”作对比。

实验结果如图 10-7 所示。

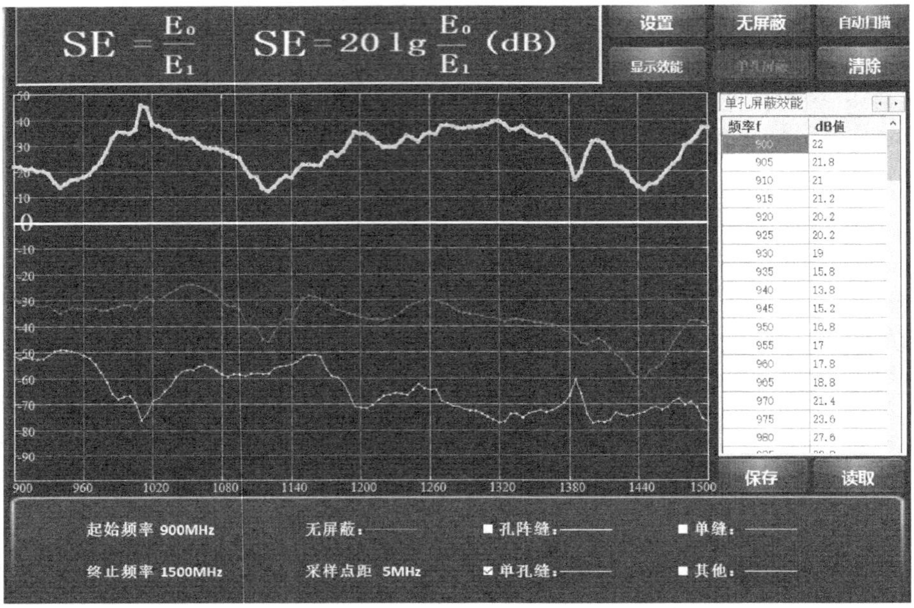

图 10-7 实验结果

在图 10-7 中，最上方的曲线对应于各个点的屏蔽效能值。

10.8 实验结果讨论

（1）单孔屏蔽与无屏蔽相比，屏蔽效能是好还是坏？程度如何？

（2）孔阵列屏蔽与无屏蔽相比，屏蔽效能是好还是坏？程度如何？

（3）单缝屏蔽且垂直放置时，与无屏蔽相比，屏蔽效能是好还是坏？程度如何？

（4）单缝屏蔽且水平放置时，与无屏蔽相比，屏蔽效能是好还是坏？程度如何？

（5）单孔屏蔽与单缝屏蔽组合时，与无屏蔽相比，屏蔽效能是好还是坏？程度如何？

（6）单孔屏蔽与单缝屏蔽组合时，分别与单孔屏蔽和单缝屏蔽相比，屏蔽效能是好还是坏？程度如何？

（7）通过几种屏蔽体的屏蔽效能的计算，哪种屏蔽体的屏蔽效果最好？

10.9　拓展与应用

（1）设计不同孔直径或不同缝隙大小的屏蔽效能对比实验，研究某一频带范围内不同孔直径或不同缝隙大小对屏蔽效能的影响。

（2）设计制作等面积不同形状的孔、洞、缝，比较屏蔽效能的差异，并应用电磁理论知识分析原因。

（3）应用同一屏蔽体，改变屏蔽体与发射天线之间的距离，观察并分析屏蔽效能变化的规律。

（4）应用同一屏蔽体，改变屏蔽盒上固定屏蔽体的螺钉数目，观察并分析屏蔽效能变化的规律，并与所有螺钉都使用的情况作对比。

（5）设计制作磁屏蔽体，开展实验对比电屏蔽与磁屏蔽的效能，并进行分析。

（6）设计制作电磁屏蔽体，开展实验对比电屏蔽、磁屏蔽、电磁屏蔽的效能，并进行分析。

10.10　总结及心得体会

根据本次实验实际操作，总结实验过程中出现的问题，并描述是如何解决该问题的，以及从本次实验中学到了什么。字数不得少于 100 字。

10.11　实验报告要求

（1）按照实验要求完成所有的实验，并记录相关数据。

（2）完成数据的运算及整理，绘制出每种屏蔽条件下的相应曲线，并加以说明。

（3）对实验过程中的现象进行讨论分析。

（4）按照标准实验报告的格式完整写出整个实验过程，并按时上交实验报告。

第 11 章

定向天线实验

11.1 实验目的

（1）理解电磁波的辐射原理。

（2）了解电磁波综合实验教学系统的原理。

（3）了解天线的方向图、增益、极化参数的定义。

（4）熟悉电磁波综合实验教学系统的使用。

（5）掌握电磁波辐射的原理和测量方法。

（6）掌握天线方向图测量的原理和方法。

（7）掌握天线增益测量的原理和方法。

（8）掌握天线测量过程中前后比等参数的测量和计算。

11.2 实验器材

JMX-EMWLab 电磁波综合实验教学系统、四极化发射天线、射频电缆、架轨、直径 1 mm 的铜丝、小十字改刀、尖嘴钳、M2.5 小螺钉、定向天线尺套件。

11.3 实验原理

导线上有交变电流流动时，就可以发生电磁波的辐射，辐射的能力与导线的长度、形状有关。若两导线的距离很近，电场就被束缚在两导线之间，因而辐射很微弱；将两导线张开，电场就散播在周围空间，因而辐射增强。必须指出，当导线的长度 L 远小于波长 λ 时，辐射很微弱；当导线的长度 L 增大到可与波长 λ 相比拟时，导线上的电流将大大增加，就能形成较强的辐射。电磁波的辐射离不开天线。无线电发射机输出的射频信号功率，通过馈线（电缆）输送到天线，由天线以电磁波形式辐射出去。电磁波到达接收地点后，由天线接收下来（仅很小一部分功率），并通过馈线送到无线电接收机。可见，天线是发射和接收电磁波的一个重要的无线电设备，没有天线就没有无线电通信。天线种类繁多，以供不同频率、不同用途、不同场合、不同要求等不同情况下使用。对于种类众多的天线，进行适当的分类是必要的：按用途分类，可分为通信天线、电视天线、雷达天线等；按工作频段分类，可分为短波天线、超短波天线、微波天线等；按方向性分类，可分为全向天线、定向天线等；按外形分类，可分为线状天线、面状天线等。天线的辐射特性参数包括方向图（主瓣宽度、副瓣电平）、增益、极化、前后比等，根据这些辐射特性参数，人们可以很好地了解天线的实际性能，并根据它们在不同条件下的性能，运用于不同的场景，实现效益最大化。

利用 JMX-EMWLab 电磁波综合实验教学系统已有的信号源、发射天线、支架平台等辅助装置，增加一个可 360°旋转的天线转台用来支撑被测天线（多元引向器天线），使用带有检波装置的有源振子天线来检测接收信号，就可以开展关于天线方向图、增益及其他极化参数的测量实验，天线测量的实验平台如图 11-1 所示。

图 11-1　天线测量实验平台

由于实验平台尺寸的限制，天线转台的刻度只能精确到 5°，这样一来，如果选用抛物面天线这一类波束很窄的天线，测量方向图的误差会非常大。因此，这里应选用波束较宽的天线来进行实验，例如半波天线、引向器天线、微带天线等。在本实验中，选用具有代表性的引向器天线作为实验天线。下面介绍天线的方向图、增益、极化参数的定义，并以引向器天线实验为例，设计天线方向图测量和增益测量实验。

11.3.1 天线基础知识概念

(1) 方向图:以天线为中心的远区球面上,反映不同方向的天线辐射场振幅大小关系的曲线,其中振幅值通常用分贝(dB)表示。方向图也叫波瓣图。

(2) E 面:辐射场的最大值方向与电场矢量所形成的平面。

(3) H 面:辐射场的最大值方向与磁场矢量所形成的平面。

(4) 主瓣:方向图中包含最大值方向的波束。主瓣也叫主波束。

(5) 副瓣:主瓣以外的所有波瓣均叫作副瓣。

(6) 主瓣宽度:最大值方向波束两侧的半功率点之间的夹角。

(7) 副瓣电平:副瓣的最大值与主瓣的最大值之比,通常用分贝(dB)表示。

(8) 前后比:主瓣的最大值与其后向波瓣值之比,通常用分贝(dB)表示。

(9) 增益:在天线最大辐射方向的远区任一位置处,其辐射功率密度与输入功率在空间各方向平均分配时的功率密度之比,通常用分贝(dB)表示。

11.3.2 天线的方向图

天线的方向图是天线的重要特性之一。天线方向图,是指在离天线一定距离处,辐射场的相对场强(归一化模值)或者各个方向辐射电磁波功率大小随方向变化的图形,因此也称为天线辐射图,通常采用天线最大辐射方向上的两个相互垂直的平面方向图(E 面和 H 面)来表示。通过研究天线方向图,可明确把握天线的辐射特性。天线的辐射特性包括天线的方向图、天线的增益、天线的极化、天线的相位等。为了达到最佳的通信效果,要求天线必须具备一定的方向性,较高的转换效率,以及满足系统正常工作的频带宽度。

如果天线没有方向性,对发射天线来说,它所辐射的功率中只有很少一部分能到达所需要的方向,大部分功率都浪费在不需要的方向上;对接收天线来说,在接收到所需要的信号的同时,还接收到来自其他方向的干扰和噪声,甚至使信号完全淹没在干扰和噪声中。因此,一副好的天线,在有效地辐射或接收无线电波的同时,还应该具有为完成某种任务而要求的方向特性。天线所辐射的无线电波能量在空间方向上的分布通常是不均匀的,这就是天线的方向性。即使是最简单的天线也有方向性,完全没有方向性的天线实际上并不存在。不同形式的天线,它们的方向图一般也不相同。而且,对于不同用途的天线,也要求具有不同的方向图。例如,对广播发射天线,要求它在水平面上有强度均匀的方向图;对定向通信天线,要求它在指定的通信方向有集中辐射的方向图;等等。

如果把天线在各方向辐射的强度用从原点出发的矢量长短来表示,则连接全部矢量端点所形成的包络就是天线的方向图,它显示天线在不同方向辐射的相对大小。这种方向图是三维的立体图形,因而被称为立体方向图。任何通过原点的平面与立体方向图相交的轮廓线,称为天线在该平面的平面方向图。

工程上一般采用两个相互正交的主平面上的方向图来表示天线的方向性,这两个主平面称为 E 面和 H 面。E 面是通过天线最大辐射方向并且平行于电场矢量的平面，H 面是通过天线最大辐射方向并且垂直于 E 面的平面。向径的方向代表辐射的方向，向径的长短代表辐射的强度。如图 11-2 所示，它是半波偶极子天线的方向图，E 面方向图是一个“8”字，H 面方向图是一个圆。

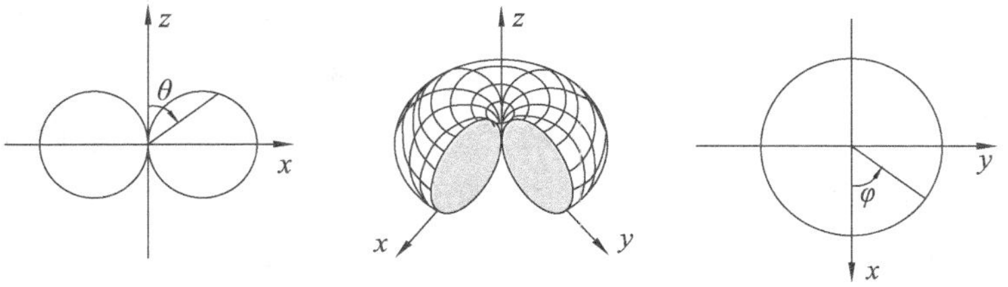

(a) E面方向图　(b) 三维方向图　(c) H面方向图

图 11-2　半波偶极子天线的方向图

实际应用中，人们最关心的是天线辐射能量的空间分布。天线辐射能量是否集中，可以用主瓣宽度这一特性参量来表示。主瓣中辐射功率强度从最大值下降到一半，对应的两个向径之间的夹角（$2\theta_{0.5}$）称为主瓣宽度。主瓣宽度越小，方向图越尖锐，表示天线辐射的能量越集中。

一般来说，天线的方向图有电场方向图和功率方向图两种。方向图如果是在极坐标上，向径长度表示该方向电场强度的绝对值，这种方向图称为电场方向图。如果以向径长度表示该方向每单位面积辐射的功率大小，由此得到的方向图就称为功率方向图。因为辐射功率与电场强度的平方成正比，所以功率方向图中的向径长度应为电场方向图中同一方向上向径长度的平方。

如图 11-3 所示，在功率方向图（虚线）中，功率为主瓣最大值的一半的两点所张的夹角称为主瓣宽度，或主瓣的半功率点宽度（图中 $2\theta_{0.5}$）。主瓣宽度是天线的一个重要特性参量，用它可以表示天线辐射的集中程度。在电场方向图（实线）中，相应于半功率点的绝对值是最大值的 0.707 倍。因此，在电场方向图中，主瓣宽度是指场强下降到最大值的 0.707 倍的两点所张的夹角。可见，同一天线的电场方向图和功率方向图的主瓣宽度是一致的。有时也采用主瓣张角来表示天线辐射的集中程度，它是主瓣的零辐射向径之间的夹角（图中 $2\theta_0$）。

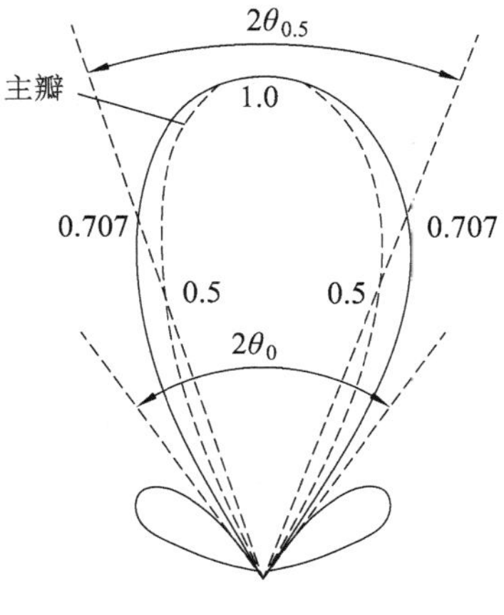

图 11-3　天线方向图的主瓣宽度

通过天线方向图可以方便地得到表征天线性能的电参数。用来描述天线方向图的参数通常有主方向角、主瓣宽度、半功率角、副瓣宽度、副瓣电平等。方向图可以有许多波瓣，除了有最大辐射强度的主瓣之外，其余的均为副瓣，也可称为旁瓣，副瓣中最大的为第一副瓣。这些副瓣一般都是有害的，因为它表示天线辐射的能量没有全部集中到人们所希望的主瓣方向上，而是有一部分耗散到不必要的方向上，这种分散辐射不仅浪费能量，有时还会造成干扰与产生噪声。下面列举出可由天线方向图得到的天线参数：

（1）主方向角：指主瓣最大值对应的角度。

（2）主瓣宽度：也称零功率点波瓣宽度（beam width between first nulls，BWFN），它是衡量天线的最大辐射区域的尖锐程度的物理量。通常取天线方向图中主瓣的两个半功率点之间的宽度，也是主瓣的最大值两边的两个零辐射方向之间的夹角，即 $2\theta_0$。主瓣宽度越窄，方向性越好，作用距离越远，抗干扰能力越强。

（3）半功率角：也称半功率点波瓣宽度（half power beam width，HPBW），指主瓣的最大值两边功率密度等于最大值的 0.5 倍的两个辐射方向之间的夹角，又叫 3 dB 波束宽度（将功率密度转化成分贝数后，会发现功率密度变成最大功率密度 1/2 的地方对应的分贝数比最大功率处小 3 dB，也就是 $-3\ \mathrm{dB} = 10\lg(1/2)\ \mathrm{dB}$），即 $2\theta_{0.5}$。

（4）副瓣宽度：指第一副瓣两边两个零辐射方向之间的夹角。

（5）副瓣电平（side lobe lever，SLL）：指副瓣的最大值与主瓣的最大值之比，一般也以分贝（dB）表示。由于天线方向图有电场方向图和功率方向图两种，所以副瓣电平的计算有两个不同的公式。当天线方向图为电场方向图时，计算公式如下：

$$SLL = 20\lg \frac{|E_s|}{|E_m|}$$

其中，E_s 表示副瓣的最大电场强度，E_m 表示主瓣的最大电场强度。

当天线方向图为功率方向图时，计算公式如下：

$$SLL = 10\lg \frac{P_{max2}}{P_{max1}}$$

其中，P_{max2} 和 P_{max1} 分别为最大副瓣和主瓣的功率密度最大值。

由一般天线书籍可知，半波天线的方向图可以表示为

$$SLL = 20\lg \frac{|E_s|}{|E_m|} f(\theta,\varphi) = \frac{\cos\left(\frac{\pi}{2}\cos\theta\right)}{\sin\theta}$$

11.3.3 天线的增益

增益是天线的主要指标之一，它是方向性系数与效率的乘积，是天线辐射或接收电磁波大小的表现。增益大小的选择取决于系统设计对电磁波覆盖区域的要求，简单地说，就是在同等条件下，增益越高，电磁波传播的距离越远。一般来说，基地台天线采用高增益天线，移动台天线采用低增益天线。增益的定义：在输入功率相等的条件下，实际天线与理想的辐射单元在空间同一点处所产生的信号的功率密度之比。它定量地描述一个天线把输入功率集中辐射的程度。增益显然与天线方向图有密切的关系，方向图主瓣越窄，副瓣越小，增益越高。

下面从方向性系数开始描述，逐步引入增益这一概念。

不同天线有不同的方向图。为了说明天线辐射集中的程度，引入了方向性系数 $D(\theta,\varphi)$。确定方向性系数的大小通常以理想的点源天线作为比较的标准。所谓理想的点源天线是没有方向性的，它在空间各个方向的辐射强度均相等，即它的方向图是一个球体，但这种天线实际上并不存在。天线的方向性系数的定义：在相同的辐射功率下，某天线产生于某点的电场强度的平方 E^2 与点源天线产生在同一点的电场强度的平方 E_0^2 的比值，通常以 $D(\theta,\varphi)$ 来表示，即

$$D(\theta,\varphi)=\frac{E^2(\theta,\varphi)}{E_0^2}\quad（相同辐射功率）$$

由于辐射功率与电场强度的平方成正比，所以方向性系数也可以这样定义：在某点产生相等电场强度的条件下，点源天线的总辐射功率 P_{0T} 与某天线的总辐射功率 P_T 的比值（倍数），即

$$D(\theta,\varphi)=\frac{P_{0T}}{P_T(\theta,\varphi)}\quad（相同电场强度）$$

根据以上定义，由于天线在各方向辐射的强度不相同，天线的方向性系数也随着观察点的位置而变化。在辐射电场最大的方向，方向性系数最大。通常如果不特别指出，就是以天线在最大辐射方向的方向性系数 D_m 作为这一天线的方向性系数。

$$D_m=\frac{E_m^2}{E_0^2}=\frac{P_{0T}}{P_{mT}}$$

点源天线的方向性系数为 1 倍（或 0 dB），电偶极子的方向性系数为 1.5 倍（或 1.76 dB），半波天线的方向性系数为 1.64 倍（或 2.15 dB）。一副强方向性天线的方向性系数可以达到数千倍。

输入天线的高频电流功率并不是全部都转换为电磁波能量辐射到外部空间，会有一部分功率在天线中损耗掉，这种损耗的主要部分在天线系统中最终转化成热能。为了描述损耗的大小，引入天线效率参数。

天线的效率 η_A 定义为天线辐射功率与输入功率之比，即

$$\eta_A=P_T/P_{in}$$

其中，P_T 为天线的辐射功率，P_{in} 为天线的输入功率。

无耗理想点源天线的效率 η_0 是 100%，即辐射功率 P_{0T} 等于输入功率 P_{0in}。

方向性系数是以辐射功率为基点，没有考虑天线能量转换率。为了更完整地描述天线的特性，以天线输入功率为基点，将该天线与点源天线作比较，于是，仿照方向性系数所定义的量就叫作天线的功率增益（通常称为增益系数），即

$$G(\theta,\varphi)=\frac{E^2(\theta,\varphi)}{E_0^2}\quad（相同的输入功率）$$

或者

$$G(\theta,\varphi)=\frac{P_{0\text{in}}}{P_{\text{in}}(\theta,\varphi)}\quad（相同的电场强度）$$

其中，$P_{0\text{in}}$和$P_{\text{in}}(\theta,\varphi)$分别是点源天线和该天线的输入功率。

若需求得天线最大辐射方向的增益，则上面两式可写为

$$G_{\text{m}}=\frac{E_{\text{m}}^2}{E_0^2}\quad（相同的输入功率）$$

$$G_{\text{m}}=\frac{P_{0\text{in}}}{P_{\text{inm}}}\quad（相同的电场强度）$$

再对其进行简单的换算，则有

$$\begin{aligned}G_{\text{m}}&=\frac{P_{0\text{in}}}{P_{\text{inm}}}=\frac{P_{0\text{in}}}{P_{0\text{T}}}\cdot\frac{P_{0\text{T}}}{P_{\text{mT}}}\cdot\frac{P_{\text{mT}}}{P_{\text{inm}}}\\&=\eta_0\cdot D_{\text{m}}\cdot\eta_{\text{A}}\end{aligned}$$

其中，η_0 和 η_{A} 分别是点源天线和某天线的效率。

令点源天线效率 $\eta_0=1$，并因一般工程上讲的方向性系数或增益系数均指最大辐射方向的系数，为简化书写，将下标“m”去掉，于是上式就变为 $G=\eta_{\text{A}}D$。

由此可见，天线的增益系数等于天线的效率与方向性系数之积。如果天线的效率为100%，则天线的方向性系数就等于天线的增益系数。

点源天线实际上难以实现，因此，测量时通常用半波天线作为比较标准。已知半波天线的理论增益为1.64倍（即2.15 dB），如果用感应电流作为测量比较参数，天线增益又可以表示为

$$G(\theta,\varphi)=20\lg\frac{I(\theta,\varphi)}{I_{\text{dmax}}}+2.15(\text{dB})$$

天线增益用来衡量天线朝一个特定方向收发信号的能力，它是选择基站天线最重要的参数之一。一般来说，增益的提高主要依靠减小垂直面上辐射的波瓣宽度，而在水平面上保持全向的辐射性能。天线增益对移动通信系统的运行质量极为重要，因为它决定了蜂窝边缘的信号电平。增加增益就可以在确定方向上增大网络的覆盖范围，或者在确定范围内增大增益余量。任何蜂窝系统都是一个双向过程，增加天线的增益能同时减小双向系统增益预算余量。另外，表示天线增益的参数有 dBd 和 dBi。dBi 是相对于点源天线的增益，在各方向的辐射是均匀的；dBd 是相对于对称振子天线的增益，两者的关系为 dBi = dBd + 2.15。相同条件下，增益越高，电波传播的距离越远。一般地，GSM 定向基站的天线增益为 18dBi，全向的为 11dBi。

天线增益不仅是天线最重要的参数之一，而且对无线通信系统的运行质量也非常重要，增加天线增益，就可以增大某个方向上的信号覆盖范围，或者范围不变，但该范围内的信号强度增强。对于单天线而言，要想提高天线增益，最简单的办法就是将天线的发射方向缩窄，即缩窄波瓣宽度。但这种方法在实际应用中对系统性能的改善有限。通常直接增加带宽和频谱的方法也会受到各种条件制约，不能无限制地增加。在带宽和频谱不变

的前提下，为了提高系统的用户容量、数据吞吐量和覆盖距离及范围，智能天线技术和 MIMO 技术应运而生。其中，智能天线技术利用多个天线组成天线阵列，利用天线之间的位置关系，通过向用户发送相同的数据，相当于在某个方向上集中辐射能量，从而提高天线增益；而 MIMO 技术则在收发端都采用多个天线系统，利用多径传播等电磁波特性，发收不同数据，在提高传输效率的同时，实现空间复用。从天线增益角度看，也可以认为不是增大单个天线增益，而是增加天线数量，从而获得收发天线增益乘积的效果。另外，无论是天线阵列还是 MIMO 技术，在传输信号时都采用了分集的技术，而该技术能够降低信号衰落的概率，减小信噪比的波动，从而获取一部分额外的增益，称之为分集增益。MIMO 技术已经在基于 LTE 技术的 4G 网络中得到广泛应用，Massive MIMO 成为 5G 通信最重要的标志性技术之一。

11.3.4　引向器天线原理

引向器天线又名波渠天线、八木天线等，是超短波频段最典型的定向天线，由一个有源振子和若干个无源振子共同组成。其中，所有的振子相互平行地排列在一条直线上，这条直线与天线的最大发射方向一致。若无源振子放置的方向为最大发射方向，这些振子则被称为引向器；若无源振子放置的方向与最大发射方向相反，这些振子则被称为反射器。有源振子、无源振子均垂直于连接它们中点的支撑杆，由于支撑杆垂直于天线的电场并通过振子的电压节点，所以支撑杆对天线的影响很小。引向器天线结构简单、轻便、机动性好，制造方便且成本低廉，因此在通信、雷达、电视等工程中得到广泛的应用。

有三个单元的引向器天线如图 11-4 所示。为了保证引向器天线在辐射正方向的场强增强，而负方向的场强减弱，必须使无源反射器中的电流相位超前于有源振子，而无源引向器中的电流相位滞后于有源振子。无源振子中电流相位的超前或滞后取决于无源振子本身的长度 L 及其到有源振子的距离 d。因此，可以借助于调节 L 及 d 来满足电流相位的要求。一般无源反射器距离有源振子 $(0.1 \sim 0.5)\lambda$，长度长于谐振长度 5% ~10%，此时的无源反射器呈感性。无源引向器距离有源振子 $(0.1 \sim 0.3)\lambda$，长度短于谐振长度 5% ~10%，此时的无源引向器呈容性。

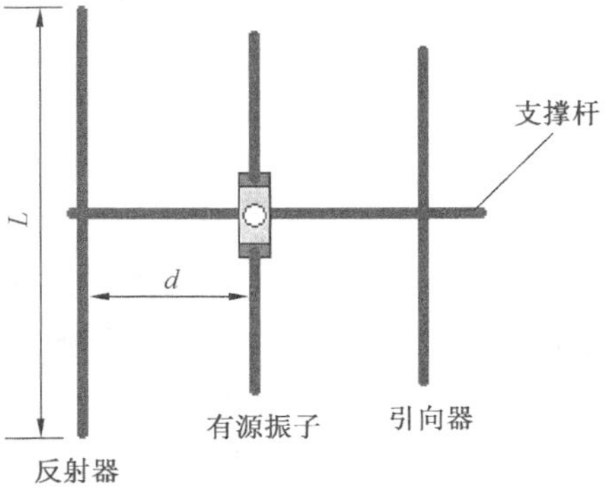

图 11-4　三元引向器天线示意图

有源振子可以是半波振子,也可以是半波折合振子并在中点馈电,如图 11-5 所示。有源振子的长度取谐振时的长度,由于天线的末端效应及无源振子的影响,谐振长度是小于半波长的,比半波长小的程度大小取决于振子的材料和粗细等因素。这个缩短的数值称为天线的缩短率。

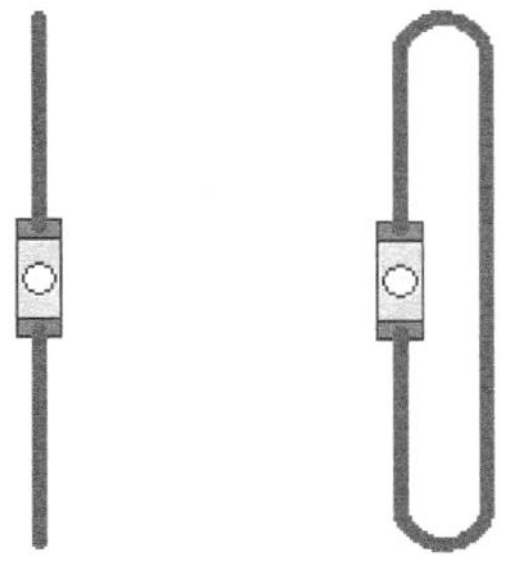

(a) 半波振子　　(b) 半波折合振子

图 11-5　引向器天线的有源振子

n 元引向器天线的远区方向图可由下式表示:

$$f(\theta,\varphi) = \frac{\cos\left(\frac{\pi}{2}\cos\theta\right)}{\sin\theta}\left|\sum_{S=0}^{n-1} I'_S \exp(-j\beta d_S \cos\varphi)\right|$$

其中,θ 是振子轴线与观察点射线之间的夹角,φ 是由天线轴线到观察点射线的方位角,I'_S为第 S 单元上电流与激励元电流之比,d_S 为从坐标原点沿天线轴线到第 S 单元的距离。随着 n 的增大,方向图变得尖锐,天线的增益也随之提高。表 11-1 表示各种引向器天线的增益。

表 11-1　各种引向器天线的增益

天线形式	反射器数	引向器数	总振子数	增益/dB
偶极子天线	0	0	1	0
二元引向器天线	1	0	2	3 ~ 4.5
二元引向器天线	0	1	2	3 ~ 4.5
三元引向器天线	1	1	3	6 ~ 8
四元引向器天线	1	2	4	7 ~ 10
五元引向器天线	1	3	5	9 ~ 10

长引向器天线虽然可看成行波天线,但它的带宽并不宽,当方向性系数允许下降 3 dB 时,带宽为 10% ~30% 。

引向器天线的反射器可以不用振子而用金属反射面来代替,这样可以减少天线的后向辐射。除有源振子外,所有其他振子都可以用金属管或金属棒将它们的中点连在一起,因为这些中点的电位都是零电位。由于连接杆与天线振子垂直,所以它对天线的场结构不会产生显著的影响。

由于引向器天线的可变量比较多,调整起来比较困难。根据不同需要,需调整引向器天线的单元长度或单元间距,使正前方增益最大或场强前后比最大,或副瓣电平最小,从而使输入阻抗合适。有源振子的长度应调整到它的输入阻抗为纯电阻。

11.3.5　实验方案设计

为了获得很高的增益,引向器天线的结构可以做得复杂些,单元数最多可以达到数十个。本实验中只以较为典型的二元引向器天线和三元引向器天线为例进行设计。二元引向器天线的结构最为简单,易于开展教学实验;三元引向器天线则是全面包括了反射器、引向器,可全面深入地了解引向器天线各组成部分的作用。

为方便实验,设计了一个带有刻度的塑料尺连接件,如图 11-6 所示。塑料尺上附有几个长方形的塑料滑块,用塑料螺丝固定金属杆或者直径 $\Phi=1$ mm 的漆包线,可以将有源振子和无源振子固定在塑料滑块上,再安装在塑料尺的开孔上,振子的间距便可以自由调节,从而使其满足电流相位的要求。

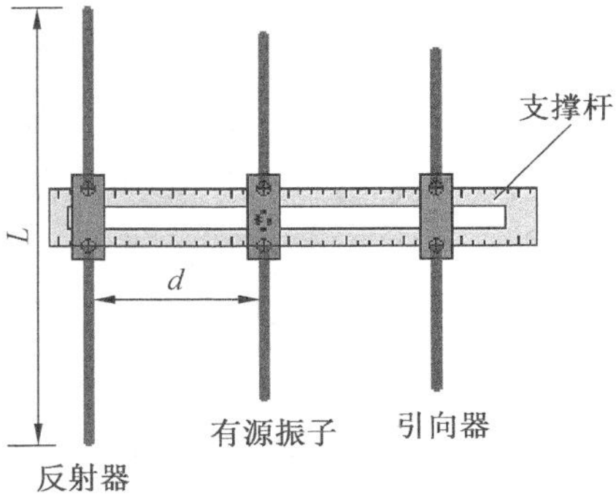

图 11-6　天线振子的安装方法

11.4　实验内容

11.4.1　二元引向器天线的设计

设置仪器的工作频率为 1 GHz,求出其对应的半波长,用直径 $\Phi=1$ mm 的漆包线,设计一个二元引向器。

(1) 从实验配件盒中取出一个带有刻度的塑料尺连接件,如图 11-7 所示。塑料尺上附有几个长方形的塑料滑块,用塑料螺丝固定金属杆或直径 $\Phi=1$ mm 的漆包线,可以将有源振子和无源振子固定在塑料滑块上，再安装在塑料尺的开孔上。有源振子的长度按半波长缩短5%左右的长度制作，精确的调整可以将有源振子作为接收天线，调整长度，使接收值最大。

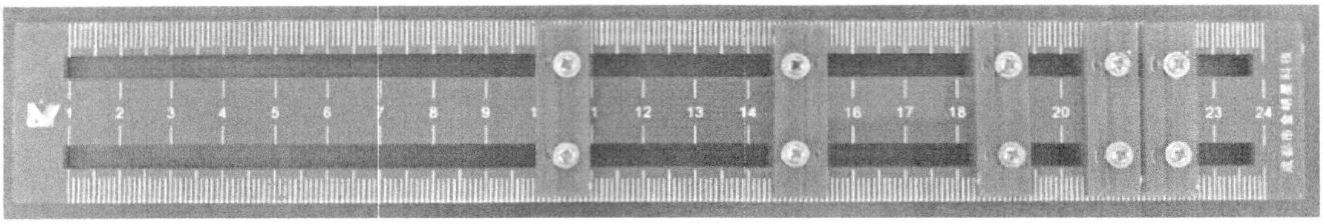

图11-7　带刻度的塑料尺连接件

（2）按有源振子的实际长度再增加10%的长度制作无源振子，作为反射器，长度也可以精确调整。

（3）取长度为一个波长的铜丝作为支撑杆，用图11-7中的塑料尺连接件组合安装成带有反射器的二元引向器天线。

11.4.2　三元引向器天线的设计

（1）在二元引向器天线的基础上，增加一个引向器，其长度比有源振子的实际长度减少5%～10%。用塑料尺连接件将引向器安装于支撑杆上，形成三元引向器天线。

（2）以同样的方法，还可以再增加引向器，做成四元及四元以上的引向器天线，此时，支撑杆应相应延长。应注意，由于本实验的条件限制，单元数不应超过六个。

（3）将设计制作的引向器天线安装固定好，旋转天线一周，采集天线方向图的数据，填入表格，并读出3 dB波瓣宽度和前后比，与理论计算值进行比较。

（4）将(3)中的引向器天线更换为标准天线（半波偶极子天线），在相同的收发距离，调整接收天线的方向，直到读数达到最大值，记录此读数值。用比较法计算出天线的绝对增益，并与理论计算值进行比较。

11.5　实验步骤

（1）将四极化发射天线、引向器天线安装在架轨上，并与JMX-EMWLab电磁波综合实验教学系统建立连接，整个实验装置如图11-8所示。

（2）打开电磁波综合实验教学系统的电源开关和系统开关，点击系统主界面上的“天线实验”实验模块，进入操作界面后，点击“设置”按钮，可以设置频率、采样点距、极化类型、方向图面及坐标系，如图11-9所示。

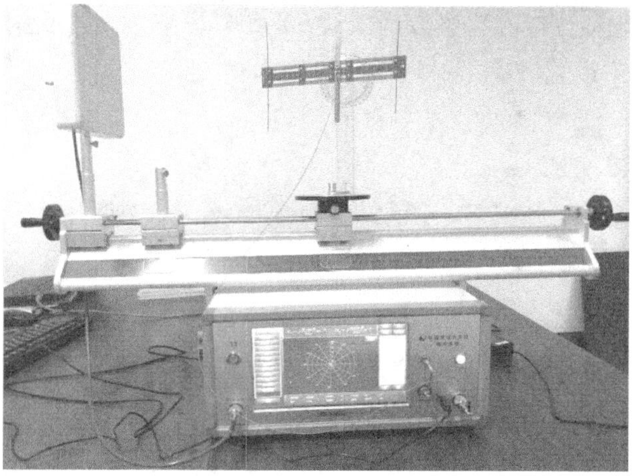

图 11-8　实验装置

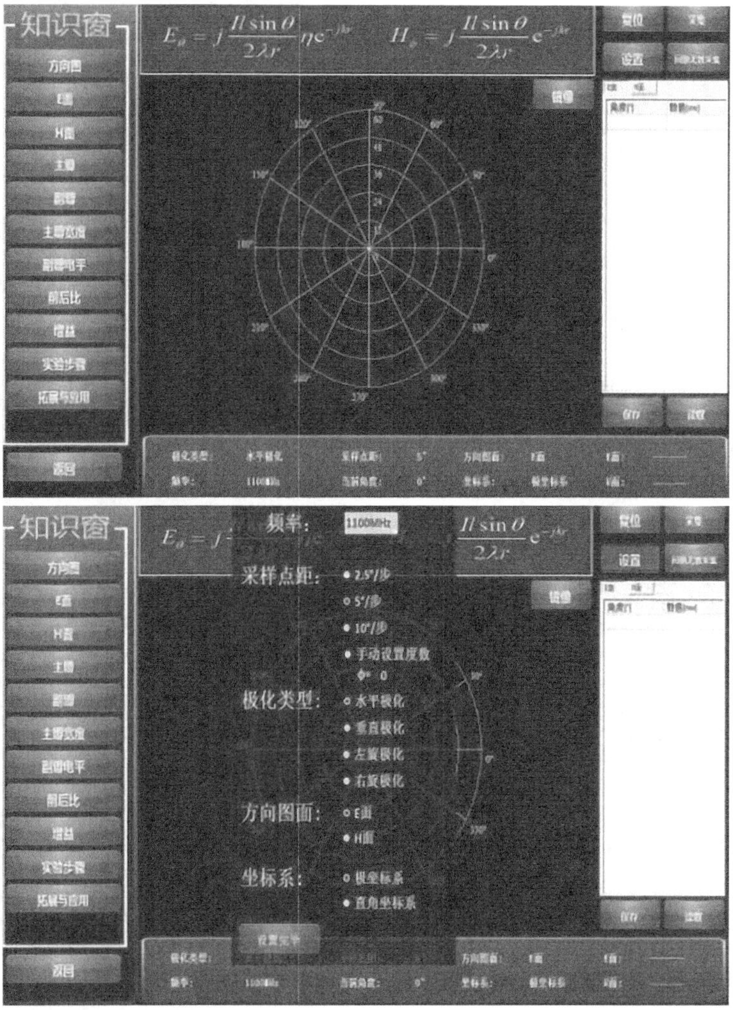

图 11-9　“天线实验”实验界面参数设置

（3）将引向器天线固定在距离发射天线 30 ~ 50 cm 位置处，并固定方位角云台不动。

（4）在“设置”中设置频率、采样点距（设置为 5°/步）、极化类型、方向图面及坐标系。

（5）检查发射天线与射频电缆连接的接口（A，B，C，D）与所选择的极化类型是否对应。

（6）按下电磁波发射开关 TX 按钮，旋转俯仰角云台，改变引向器天线的方向，按照采样点距逐一采集数据，直至旋转一周结束。

（7）将采集的数据填入表 11-2 中。

表 11-2　引向器天线方向图测试数据

角度/(°)	0	5	10	15	20	25	30	35	40
电平/mV									
角度/(°)	45	50	55	60	65	70	75	80	85
电平/mV									
角度/(°)	90	95	100	105	110	115	120	125	130
电平/mV									
角度/(°)	135	140	145	150	155	160	165	170	175
电平/mV									
角度/(°)	180	185	190	195	200	205	210	215	220
电平/mV									
角度/(°)	225	230	235	240	245	250	255	260	265
电平/mV									
角度/(°)	270	275	280	285	290	295	300	305	310
电平/mV									
角度/(°)	315	320	325	330	335	340	345	350	355
电平/mV									

（8）改变方向图面，重复步骤（6）~（7）。

（9）改变极化类型，重复步骤（5）~（7）。

（10）取下引向器天线，换上半波偶极子天线，不改变原引向器天线所在位置及“设置”中的参数，按照步骤（5）~（9）重复实验，并将所有的实验数据按照表 11-2 的形式记录下来。

（11）实验结束，将实验器材整理好放回实验配件盒中，关闭系统开关和电源开关。

注 意

① 连接 JMX-EMWLab 电磁波综合实验教学系统与发射天线的电缆禁止开路，接收电缆在旋转时应避免缠绕，只在测量读数时按下发射按钮，尽量减少发射时间；② 控制接收天线与发射天线的距离，使接收信号电流强度足够大，减少其他小组发射信号及手机等发射源的干扰；③ 测试时，各小组隔开 1～2 m 的距离，并采用交错布局，尽量避免人员走动，被测天线前不要有阻挡物，以免影响测量精度。

11.6　实验结果记录

（1）设置的频率、采样点距、极化类型、方向图面、坐标系。

（2）二元引向器天线设计过程中的计算步骤及其结果（半波长、有源振子长度、反射器长度）。

（3）三元引向器天线设计过程中的计算步骤及其结果（半波长、有源振子长度、反射器长度、引向器长度）。

（4）分别选择 E 面和 H 面时的方向图采集数据和天线增益采集数据。

（5）分别选择不同极化类型时的方向图采集数据和天线增益采集数据。

（6）方向图数据中的 3 dB 波瓣宽度和前后比读数及其与理论计算值的比较。

（7）天线的绝对增益的计算过程及其与理论计算值的比较。

11.7　实验案例

在本案例中，有源振子选用实验配件盒中已有的半波偶极子天线，其长度 $L_1=17.5$ cm。根据半波长与有源振子长度的关系，逆向推算出波长 $\lambda\approx36.8$ cm。根据波长与频率、光速的关系式 $c=\lambda\times f$，求得工作频率 $f\approx815$ MHz。根据反射器长度和引向器长度与有源振子长度的关系，计算出反射器的长度 $L_2\approx19.3$ cm，引向器的长度 $L_3\approx15.8$ cm（在这里，令其长度比有源振子减少 10%）。

接下来，计算有源振子、反射器、引向器三者之间的距离。实验原理中有提到，一般无源反射器距离有源振子$(0.1\sim0.5)\lambda$，无源引向器距离有源振子$(0.1\sim0.3)\lambda$。根据计算，有源振子和反射器之间的距离 d_1 的范围为 3.68～18.40 cm，有源振子和引向器之间的距离 d_2 的范围为 3.68～11.04 cm。在这里，$d_1=13$ cm，$d_2=11$ cm，有源振子在塑料尺的 11 cm 刻度处。设计的引向器天线如图 11-10 所示。

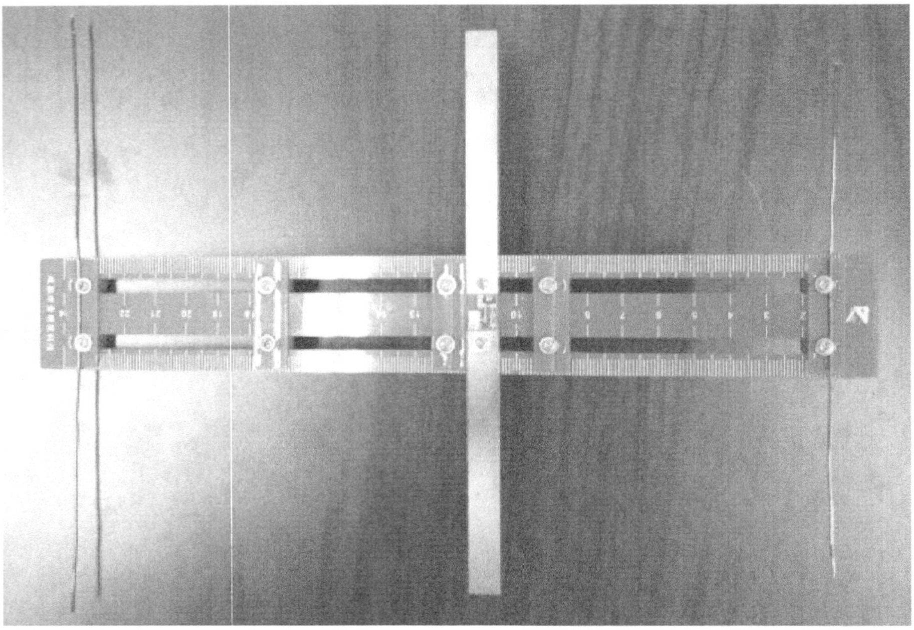

图 11-10　自制三元引向器天线

在“设置”中，设置频率为 815 MHz，采样点距选择 10°/步，极化类型选择垂直极化，方向图面选择 E 面，坐标系选择极坐标系。一切检查无误后，开展实验操作，所得实验现象如图 11-11 和图 11-12 所示。

引向器天线方向图：最大值在 20°处，数值为 273.4 mV。

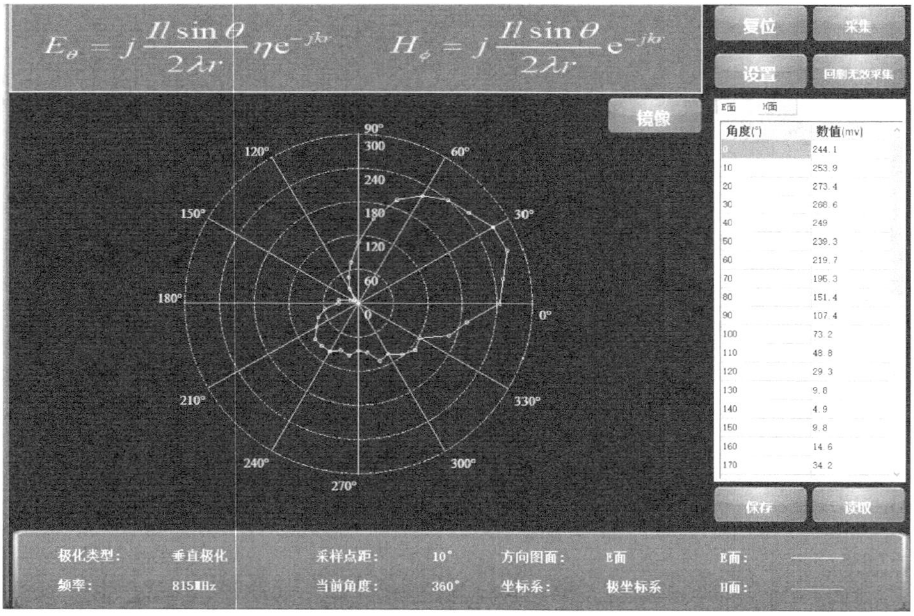

图 11-11　实验案例结果一

标准天线方向图:最大值在 180°左右处,数值为 136.7 mV。

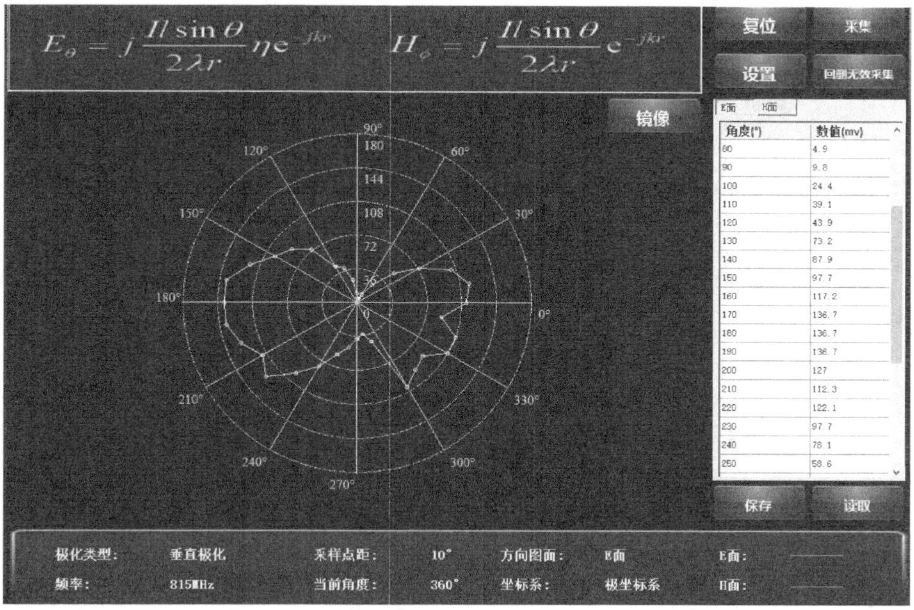

图 11-12　实验案例结果二

具体的相关理论值计算这里不作详细叙述,学生在做实验时,应认真计算,并与实验值作比较。

11.8　实验结果讨论

(1) 二元引向器天线和三元引向器天线的方向图与增益有什么不同?为什么?

(2) 方向图面为 E 面,极化类型不同时,所得的方向图和增益有什么不同?为什么?

(3) 方向图面为 H 面,极化类型不同时,所得的方向图和增益有什么不同?为什么?

(4) 极化类型相同,方向图面不同时,所得的方向图和增益有什么不同?为什么?

(5) 从方向图上读取的 3 dB 波瓣宽度和前后比,与理论计算值的误差大不大?如果误差较大,是什么原因?

(6) 用比较法计算出的天线的绝对增益值,与理论计算值的误差大不大?如果误差较大,是什么原因?

(7) 振子的长度对天线的方向图和增益的影响有什么样的变化规律?

(8) 振子间的间隔距离对天线的方向图和增益的影响有什么样的变化规律?

(9) 影响方向图和增益测量的因素可能有哪些?

11.9 拓展与应用

（1）制作并测试一种V形偶极子天线的方向图，计算其主瓣宽度、副瓣宽度、前后比、增益等天线参数，并比较其与标配对称偶极子天线方向图的异同，据此分析说明V形偶极子天线在哪些可能的应用中会较对称偶极子天线发挥出其优势。

（2）测试自制电磁波感应器的方向图，然后测试增减其长度后的方向图，并观察和归纳方向图变化的规律。

11.10 总结及心得体会

根据本次实验实际操作，总结实验过程中出现的问题，并描述是如何解决该问题的，以及从本次实验中学到了什么。字数不得少于200字。

11.11 实验报告要求

（1）按照实验要求完成所有的实验，并记录相关数据。

（2）完成数据的运算及整理，绘制出不同参数设置下的相应方向图，并加以说明。

（3）采样点的数据以表格的形式给出，并加以说明。

（4）极化类型的选择不得少于两种。

（5）对实验过程中的现象进行讨论分析。

（6）按照标准实验报告的格式完整写出整个实验过程，并按时上交实验报告。

第 12 章

测量线测量驻波实验

12.1 实验目的

(1) 了解微波传输系统的组成部分及各部分的作用,正确使用仪器。

(2) 了解测量线的调整和使用方法。

(3) 了解行波、驻波、行驻波、反射系数等基本概念。

(4) 了解微波的工作状态及传输特性。

(5) 掌握微波的基本测量,包括频率、功率、驻波比和波导波长。

(6) 通过测量观察测量线终端接不同负载(匹配负载、短路负载、开路负载)时的驻波分布情况。

12.2 实验器材

JMX-EMWLab 电磁波综合实验教学系统、架轨、微波技术实验测量线组件、射频电缆、N-SMA 转接头、JMX-ED 检波模块、高速 USB 2.0 电缆线。

12.3 实验原理

12.3.1 基本概念

(1) 行波(travelling wave):是指平面波在传输线上的一种传输状态,其幅度沿传播方向按指数规律变化,相位沿传输线按线性规律变化。

(2) 驻波(standing wave):是指频率和振幅均相同、振动方向一致、传播方向相反的两列波相互叠加后形成的波。当波在介质中传播时，其波形不断向前推进，故称之为行波；当上述两列波叠加后，波形并不向前推进，故称之为驻波。

(3) 行驻波：指介于行波和驻波之间的波，其中既有行波的成分，又有驻波的成分。

(4) 电压驻波比(voltage standing wave ratio, VSWR)：指驻波波腹电压与波谷电压幅度之比，又称为驻波系数、驻波比，通常用 S 表示。驻波比等于 1 时，表示馈线和天线的阻抗完全匹配，此时高频能量全部被天线辐射出去，没有能量的反射损耗；驻波比为无穷大时，表示全反射，能量完全没有辐射出去。

(5) 发射系数：指负载端口处反射波电场(或电压)与入射波电场(或电压)之比，通常用 Γ 表示。

(6) 波腹和波节：两列波合成后，振幅最大的地方叫波腹，振幅为零的地方叫波节。

(7) 电压驻波比、反射系数、波长等相互之间的关系：

① 相邻波腹与波节的间距为 1/4 个波长，相邻的波腹或者波节之间的间距为 1/2 个波长。

② 电压驻波比与反射系数：$S=(1+|\Gamma|)/(1-|\Gamma|)$。

(8) 行波的驻波比为 1，反射系数为 0；纯驻波的驻波比为 ∞，反射系数为 1。

12.3.2 驻波

12.3.2.1 形成原理

两列沿相反方向传播的振幅相同、频率相同的波叠加时形成的波叫作驻波。那么，怎样才能得到两列沿相反方向传播的波，而且这两列波的振幅和频率都相同呢？在实践中一般是利用波的反射。比如弦上的驻波，当声波传播到固定端时会发生反射，反射波与入射波传播方向相反，振幅和频率都相同。因此，入射波和反射波相互叠加就形成了驻波。对于管中的驻波，当声波传播到闭口端时同样会发生反射，入射波和反射波相互叠加形成了驻波。由于弦的固定端和管的闭口端相当于波在传输过程中遇到的障碍物，因此对于波在弦的固定端和管的闭口端发生反射是比较容易接受的。然而，对于管中的驻波，还有另外一种情况是两端开口的管中形成的驻波。这种驻波的形成原理为波源在一个开口端发生振动产生入射波，入射波传播到另一个开口端时发生反射，入射波和反射波相互叠加形成了驻波。

12.3.2.2 特点

(1) 电压和电流不但在时间上相差 90°，在空间上也相差 90°。

(2) 平均功率为零，因此不能用来输送电磁能。

(3) 具有位置不随时间而变化的波腹和波节，波节和相邻波腹之间的距离为 $\lambda/2$。

(4) 输入阻抗为纯虚数，阻值随传输线长度而变化。

12.3.3 微波在波导中的工作状态

在微波波段中，为了避免导线辐射损耗和趋肤效应等的影响，一般采用波导作为微波传输线。微波在波导中传输时,具有横电波(TE 波)、横磁波(TM 波)和横电波与横磁波的混合波三种形式。在微波的传输特性实验中使用的标准波导管,通常采用的传输波型是 TE10 波。波导中存在入射波和反射波,常用驻波比和反射系数这两个物理量来描述波导中的匹配程度和反射程度。根据终端所接负载的不同,波导具有三种工作状态:

(1) 当终端接"匹配负载"时,反射波不存在,波导中呈行波状态。

(2) 当终端接"短路负载""开路负载"或"纯电抗性负载"时,终端全反射,波导中呈纯驻波状态。

(3) 一般情况下,终端是存在部分反射的,所以波导中传输的既不是行波,也不是纯驻波,而是既有行波又有驻波的混合波。

12.3.4　微波频率的测量

微波频率是表征微波信号的一个重要物理量。频率的测量通常采用数字式频率计或者吸收式频率计。下面主要介绍比较常用的吸收式频率计的工作原理:当调节频率计使其自身空腔的固有频率与微波信号频率相同时,会产生谐振,此时通过连接在微波通路上的微安表或功率计可观察到信号幅度明显减小的现象。注意,应以减幅最大的位置作为判断频率测量值的依据。

12.3.5　微波功率的测量

微波功率是表征微波信号强弱的一个物理量,通常采用替代或比较的方法测量,也就是将微波功率借助于能量转换器转换成易于测量的低频或直流物理量,来实现微波功率的测量。实验室中通常采用吸收式微瓦功率计(如 GX2A)。在功率计探头表面,将两种不同金属镀在薄膜基体上形成热电堆,将其放在同轴线的电场中间,它既是终端吸收的负载,又是热电转换元件。在未输入微波功率时,热电堆节点之间没有温差,因而没有输出;当输入微波功率时,热电元件吸收微波功率使热电堆的热节点温度升高,这就与冷节点产生温差而引起温差电动势(微弱的直流电势),且该元件产生的直流电势是与输入微波功率成正比的。

12.3.6　波导波长和驻波比的测量

驻波比定义为波导中驻波极大值点与驻波极小值点的电场强度之比,即

$$S=\frac{E_{\max}}{E_{\min}}$$

其中,$E_{\max}$和 $E_{\min}$分别表示波导中驻波极大值点与驻波极小值点的电场强度。

实验中通常采用驻波测量线来测定波导波长和驻波比,其结构如图 12-1 所示。

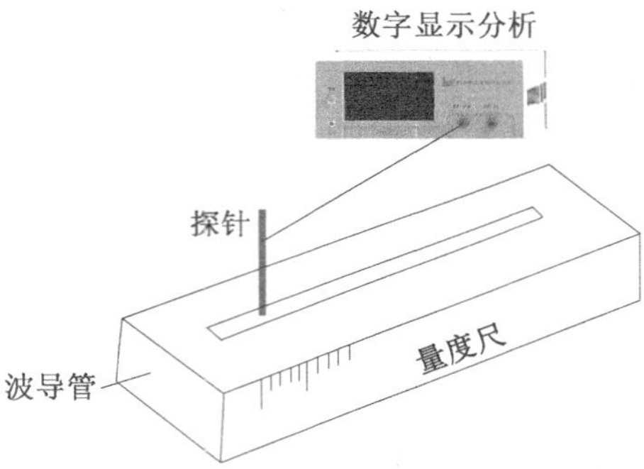

图 12-1　驻波测量线结构图

使用驻波测量线进行测量时，要考虑探针在开槽波导管内有适当的穿伸度，探针穿伸度一般取波导管窄边宽度的 5% ~10% 。将测量线终端用三种状态连接，观察测量线中的电场状态。实验前应注意驻波测量线的调谐，使其具有最佳灵敏度，并使探针对微波通路的影响降至最低。一般是将测量线短接，使得波腹点位置的检波电流最大，反复进行多次。

12.3.6.1　驻波比的测量

由于终端负载不同，驻波比有大有小。因此，驻波比测量的首要问题是，根据驻波比极值点所对应的检波电流，粗略估计驻波比的大小，然后在此基础上，再作进一步的精确测定。实验中微波信号较弱，可认为检波晶体符合平方律检波。依据驻波比的公式求出粗略值，再依照驻波比的三种情况，进一步精确测定驻波比值。

(1) 大驻波比($S>6$)的测量。在大驻波比的三种情况下，检波电流的最大值和最小值相差太大，在波节点上检波电流极微，在波腹点上二极管检波特性远离平方律，故不能用驻波比的公式计算，可采用二倍极小功率法。

(2) 中驻波比($1.5\leqslant S\leqslant 6$)的测量。在中驻波比的情况下可直接根据驻波比的公式计算。

(3) 小驻波比($1.005\leqslant S\leqslant 1.5$)的测量。在小驻波比的情况下，驻波极大值点和极小值点的检波电流相差细微，因此采用测量多个相邻波腹与波节点的检波电流值，进而取平均的方法。

12.3.6.2　波导波长的测量

波导波长在数值上为相邻两个驻波极值点(波腹或波节)距离的两倍，即

$$\lambda_g=2(L_2-L_1)$$

由于场强在极大值点附近变化缓慢，峰顶位置不易确定，实际采用测定驻波极小值点的位置来求出波导波长。考虑到驻波极小值点附近变化平缓，测量值不够准确，测量时通常不采用直接测量驻波极小值点位置的方式，而是通过平均值间接测量，即测极小值点附近两点(此两点在指示器上的输出幅度相等)的坐标，然后取这两点坐标的平均值，即得极小值点坐标。波导波长需在驻波测量线上测量，一般为两个波节间的距离。

12.4　实验内容

（1）波导管终端接“匹配负载”（见图 12-2a）时，测量对应的驻波比和波导波长。

（2）波导管终端接“开路负载”（见图 12-2b）时，测量对应的驻波比和波导波长。

（3）波导管终端接“短路负载”（见图 12-2c）时，测量对应的驻波比和波导波长。

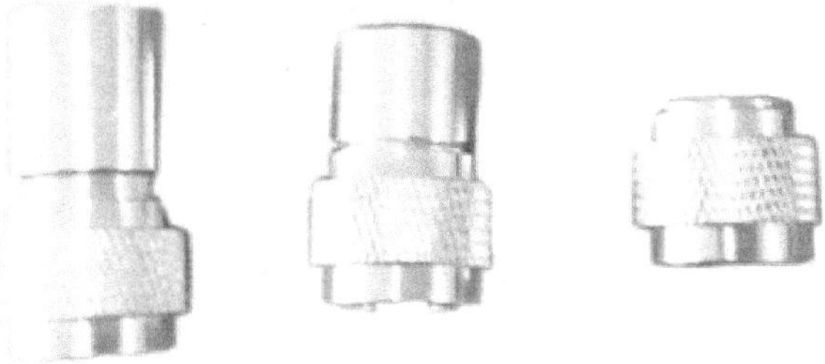

(a) 匹配负载　　(b) 开路负载　　(c) 短路负载

图 12-2　三种终端负载

12.5　实验步骤

（1）用螺钉将微波技术实验测量线组件紧固在电磁波综合实验教学系统上，分别用双头 SMA 射频电缆将 JMX-EMWLab 电磁波综合实验教学系统上的 RFA-out 端口与测量线实验模块中的测量线接收部分（测量线两头）SMA 建立可靠连接；面板右下角的 RF-in 端口与测量线实验模块中的 JMX-ED 检波模块装置的输出端（OUT）连接，检波模块装置的输入端（IN）则与测量线的接收端（滑动部分）SMA 建立可靠连接。整个实验装置如图 12-3 所示。

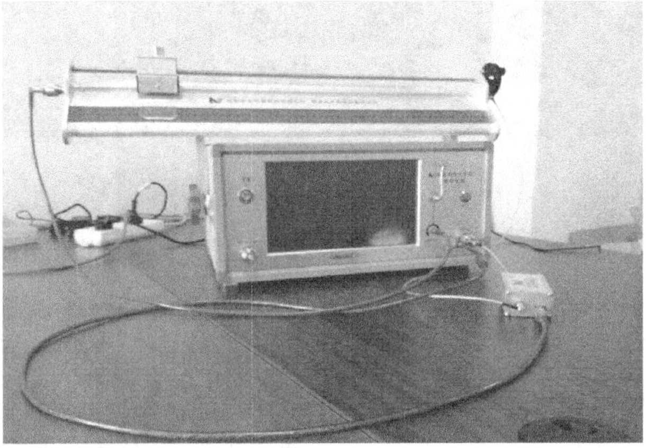

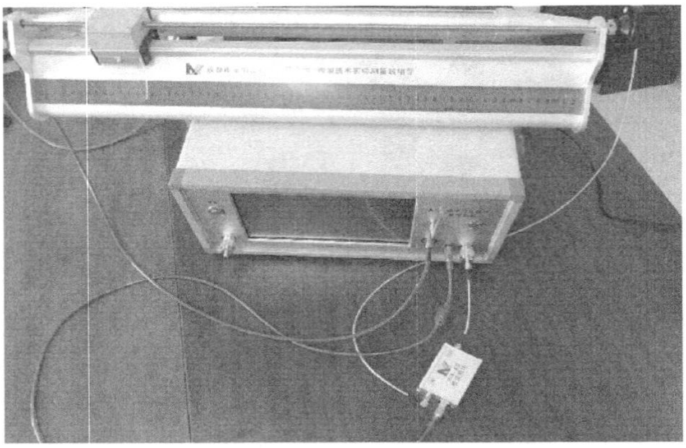

图 12-3　实验装置

（2）打开电磁波综合实验教学系统的电源开关和系统开关，点击系统主界面上的“测量线实验”实验模块，进入操作界面后，点击“设置”按钮，可以设置频率、探针初始位置、探针采样点距及负载状态，如图 12-4 所示。

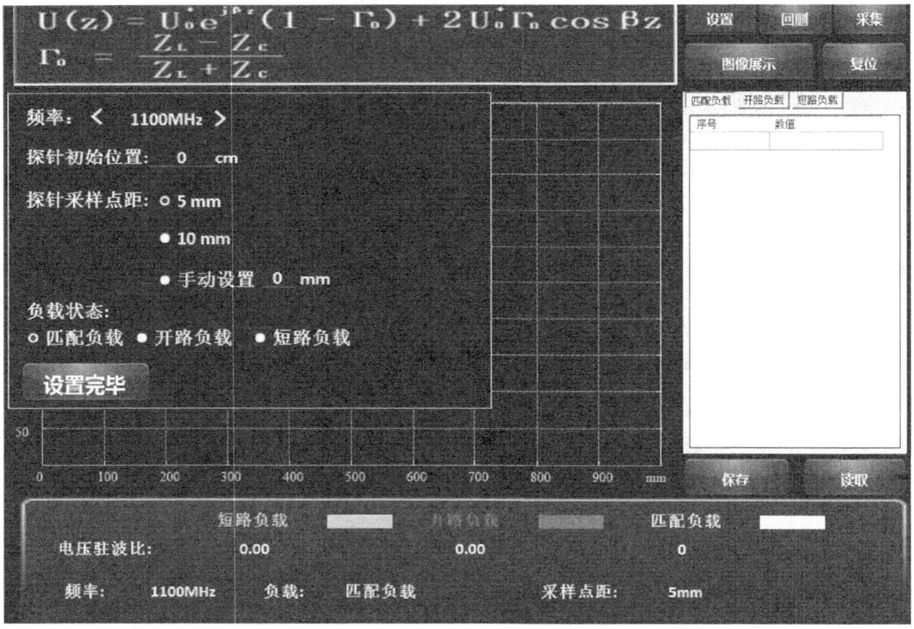

图 12-4　“测量线实验”实验界面

（3）将匹配负载安装在波导管的终端上，滑块滑动到波导管的最左端，在“设置”中选择同种负载状态，并保持发射频率默认值不变，采样点距选择 5 mm。

（4）点击“采集”按钮，之后根据设置的采样点距移动滑块，多次重复采集和移动，直到出现 2～3 个波腹或波节。

（5）保持负载状态和发射频率不变，改变采样点距为 10 mm，重复步骤（4）的内容。

（6）将负载更换为开路负载，重复步骤（3）~（5）的内容。

（7）将负载更换为短路负载，重复步骤（3）~（5）的内容。

（8）实验结束，将实验器材整理好放回实验配件盒中，关闭系统开关和电源开关。

12.6　实验结果记录

（1）波导管终端接匹配负载时，采集到的场强的最大值和最小值，以及它们相对应的位置。

（2）波导管终端接开路负载时，采集到的场强的最大值和最小值，以及它们相对应的位置。

（3）波导管终端接短路负载时，采集到的场强的最大值和最小值，以及它们相对应的位置。

12.7　实验案例

在本案例中，设置发射频率为 1 500 MHz，探针初始位置位于波导管最左端（刻度为 9 cm）处，采样点距为 10 mm，负载状态为匹配负载。采样的结果如图 12-5 所示。

从采集的数据中可以得到，极大值点的电场强度为 2 152.1 mV/m，极小值点的电场强度为 2 107.4 mV/m。相邻两个波腹极值点之间的距离为 6 cm。所以，波导波长 λ_g = 12 cm，驻波比 $S\approx1.02$。

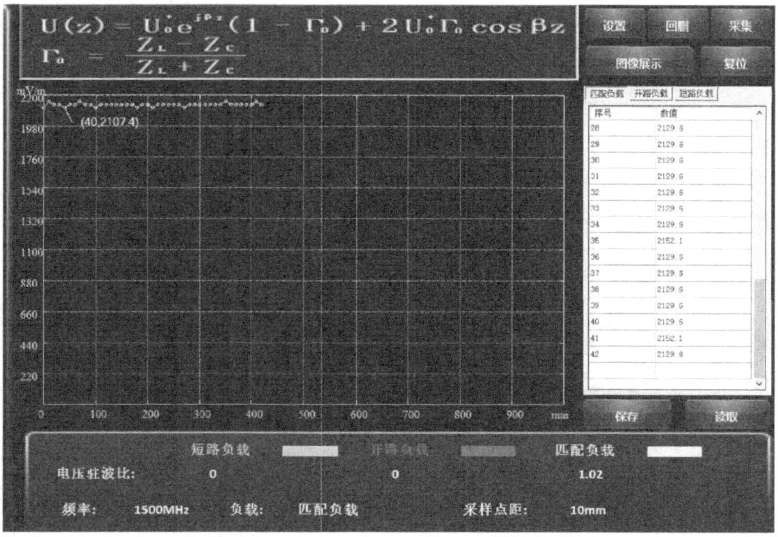

图 12-5　实验案例结果

12.8 实验结果讨论

(1) 终端接不同的负载,所得到的驻波比和波导波长有什么变化? 为什么?

(2) 同一种负载,采样点距不同,最终得到的驻波比和波导波长的值相等吗? 若不相等,试着分析原因。

(3) 如果改变发射频率,在相同的条件下,得到的驻波比和波导波长会有怎样的变化? 为什么?

12.9 拓展与应用

(1) 用手作为负载做实验,观察与分析:

① 观察波腹与波节的大小相对于开路(或短路)时的变化情况,并思考其原因。

② 观察波腹与波节的位置相对于开路(或短路)时的变化情况,并思考其原因。

③ 根据实验观察计算手负载的驻波比和反射系数。

④ 判断手负载是感性负载还是容性负载。

(2) 让负载为空载,并进行(1)所述观察与分析。

12.10 总结及心得体会

根据本次实验实际操作,总结实验过程中出现的问题,并描述是如何解决该问题的,以及从本次实验中学到了什么。字数不得少于 100 字。

12.11 实验报告要求

(1) 按照实验要求完成所有的实验,并记录相关数据。

(2) 完成数据的运算及整理,绘制出不同参数设置下的曲线图,并加以说明。

(3) 采样点的数据以表格的形式给出,并加以说明。

(4) 对实验过程中的现象进行讨论分析。

(5) 按照标准实验报告的格式完整写出整个实验过程,并按时上交实验报告。

第 13 章

谐振腔微扰法测量微波介质特性

13.1 实验目的

(1) 了解谐振腔的基本知识。

(2) 学习用谐振腔微扰法测量介质特性的原理和方法。

(3) 了解麦克斯韦方程组是如何描述介质与场的关系的。

(4) 了解电磁波在矩形波导中的传播。

(5) 正确理解反射系数与驻波比。

13.2 实验器材

JMX-EMWLab 电磁波综合实验教学系统、JMX-CR 谐振腔综合实验组件(见图 13-1)、射频电缆、N-SMA 转接头、透明样品试管、JMX-ED 检波模块、高速 USB 2.0 电缆线。

图 13-1 JMX-CR 谐振腔综合实验组件

13.3 实验原理

13.3.1 谐振腔的基本知识

谐振腔是在微波频率下工作的谐振元件，它是一个任意形状的由导电壁（或导磁壁）包围的，并能在其中形成电磁振荡的介质区域。它具有存储电磁能及选择一定频率信号的特性。谐振腔通常采用谐振频率 f_0、品质因数 Q 及等效电导 G_0 作为它的基本参数。

13.3.1.1 谐振频率 f_0

谐振频率用来描述电磁能量在谐振腔中的运动规律，它是指在谐振腔中激起的电磁振荡的工作频率。常用的求解方法是"场分析的方法"，从求解谐振腔的电磁场边值问题导出谐振频率。

从电磁场理论可知，在自由空间中，电磁场满足的波动方程及边界条件为

$$\nabla^2 \vec{E} + k^2 \vec{E} = 0,\ \vec{n} \times \vec{E} = 0$$

$$\nabla^2 \vec{H} + k^2 \vec{H} = 0,\ \vec{n} \times \vec{H} = 0$$

其中，$k^2 = \omega^2 \mu\varepsilon = k_0^2 - \gamma^2 \rightarrow k_0^2 + \beta^2$（无耗），$\mu$ 和 ε 为谐振腔中的介质常数，$\vec{n}$ 是由腔壁导体指向外的法向单位矢量，k 是与谐振腔的几何形状、尺寸及波型有关的数值。在谐振腔内满足波动方程的电磁场对应的一系列确定的 k_n 值，称为本征值，即

$$k_n = \overline{\omega}_{n0} \sqrt{\varepsilon\mu}$$

而

$$f_{0n} = \frac{k_n}{2\pi \sqrt{\varepsilon\mu}}$$

求出本征值 k_n 后，谐振腔的谐振频率 f_{0n} 即可由上式求出。

13.3.1.2 品质因数 Q

品质因数是描述谐振系统频率选择性的优劣及电磁能量损耗程度的一个物理量，它定义为

$$Q_0 = 2\pi \frac{W}{W_T} = 2\pi \frac{W}{P_l T} = \overline{\omega}_0 \frac{W}{P_l}$$

其中，P_l 为谐振腔的平均损耗功率；W 为谐振腔内的电能和磁能之和，当磁能最大时，电能为零，反之亦然。W 可以表示为

$$W = \frac{1}{2}\mu \int_V |\vec{H}|^2 \mathrm{d}V = \frac{1}{2}\varepsilon \int_V |\vec{E}|^2 \mathrm{d}V$$

其中，V 为谐振腔的体积，μ 和 ε 为谐振腔中所填介质的介质常数。

13.3.2　矩形波导中波的传播

在微波波段，随着工作频率的升高，导线的趋肤效应和辐射效应增大，使得普通的双导线不能完全传输微波能量，而必须改用微波传输线。常用的微波传输线有平行双线、同轴线、带状线、微带线、金属波导管及介质波导等多种形式。

根据电磁场的普遍规律——麦克斯韦方程组或由它导出的波动方程及具体波导的边界条件，可以严格求解出只有两大类波能够在矩形波导中传播：① 横电波，又称为磁波，简写为 TE 波或 H 波，磁场可以有纵向和横向的分量，但电场只有横向分量；② 横磁波，又称为电波，简写为 TM 波或 E 波，电场可以有纵向和横向的分量，但磁场只有横向分量。在实际应用中，一般让波导中只存在一种波型，而且只传输一种波型。在本实验中采用的 TE10 波就是矩形波导中常用的一种波型。下面对 TE10 波作简单的介绍。

在一个均匀、无限长和无耗的矩形波导中，从以下电磁场基本方程组出发，

$$\Delta \cdot D = \rho, \Delta \cdot B = 0$$

$$\Delta \times E = -\frac{\partial B}{\partial t},\ \Delta \times H = j + \frac{\partial D}{\partial t}$$

$$D = \partial E,\ B = \mu H,\ j = \gamma E$$

可以解得沿 z 方向传播的 TE10 波的各个场分量分别为

$$H_x = j\frac{\beta a}{\pi}\sin\left(\frac{\pi x}{a}\right)e^{j(\omega t - \hat{\beta})}$$

$$H_y = 0$$

$$H_z = j\frac{\beta a}{\pi}\cos\left(\frac{\pi x}{a}\right)e^{j(\omega t - \hat{\beta})}$$

$$E_x = 0$$

$$E_y = -j\frac{\omega\mu_0 a}{\pi}\sin\left(\frac{\pi x}{a}\right)e^{j(\omega t - \hat{\beta})}$$

$$E_z = 0$$

其中，ω 为电磁波的角频率。

TE10 波具有如下特点：

(1) 存在一个临界波长 $\lambda_c = 2a$，只有波长 $\lambda < \lambda_c$ 的电磁波才能在波导中传播。

(2) 波导波长 $\lambda_g >$ 自由空间波长 λ。

(3) 电场只存在横向分量，电力线从一个导体壁出发，终止于另一个导体壁上，并且始终平行于波导的窄边。

(4) 磁场既有横向分量，也有纵向分量，磁力线环绕电力线。

(5) 电磁场在波导的纵方向(z)上形成行波，在 z 方向上，E_y 和 H_x 的分布规律相同。

13.3.3　微扰谐振腔的微扰理论

当谐振腔的腔壁或者腔内填充的介质有微小变化时，谐振腔的基本参量 f_0，Q 等也会

有相应的微小变化。如果这种变化对场分布及原有的参数影响很小,就称为"微扰"。对于这一问题的求解,一般是根据微扰前的已知解来近似地求出微扰后的解,而不必在新的条件下求解波动方程,这种求解方法称为"微扰法"。

设有一谐振腔,其体积为 V,腔内填充空气,未受微扰前场强为$\overrightarrow{E}_0$ 和$\overrightarrow{H}_0$,谐振角频率为 ω_0。现有一微扰介质插入,体积为 ΔV,其特性用 μ 和 ε 表示。微扰后的场强为$\overrightarrow{E}$和$\overrightarrow{H}$,谐振角频率为 ω。由麦克斯韦方程组可以得到:

$$\frac{\omega-\omega_0}{\omega}=\frac{-\iiint_{V_1}[(\mu_1-\mu_0)\overrightarrow{H}_0^*\cdot\overrightarrow{H}_1+(\varepsilon_1-\varepsilon_0)\overrightarrow{E}_0^*\cdot\overrightarrow{E}_1]\mathrm{d}V}{\iiint_{V_1}(\mu_0\overrightarrow{H}_0^*\cdot\overrightarrow{H}_1+\varepsilon_0\overrightarrow{E}_0^*\cdot\overrightarrow{E}_1)\mathrm{d}V+\iiint_{V_1}(\mu_0\overrightarrow{H}_0^*\cdot\overrightarrow{H}_2+\varepsilon_0\overrightarrow{E}_0^*\cdot\overrightarrow{E}_2)\mathrm{d}V}$$

这就是谐振腔微扰理论的基本公式,其中,$\overrightarrow{E}_0$ 和$\overrightarrow{H}_0$ 分别是谐振腔被微扰前腔内的电场和磁场,$\overrightarrow{E}_1$ 和$\overrightarrow{H}_1$ 分别是介质样品内部的电场和磁场,$\overrightarrow{E}_2$ 和$\overrightarrow{H}_2$ 分别是介质样品以外谐振腔内的电场和磁场,V_1 和 V_2 分别为介质样品的体积和谐振腔内除去样品后的体积,V_1+V_2 等于腔体总体积 V,ω_0 和 ω 分别为微扰前的谐振角频率和微扰后的谐振角频率,ε_0 和 μ_0 分别为空气的介电常数和磁导率,ε_1 和 μ_1 分别为介质样品的介电常数和磁导率。

对非磁性材料,有 $\mu_1=\mu_0$。由于插入谐振腔的微扰样品的体积很小,可以近似地认为微扰前后的场基本没有发生变化,即有$\overrightarrow{E}_1=\overrightarrow{E}_2=\overrightarrow{E}_0$。通过化简,谐振腔微扰理论的基本公式变为

$$\frac{\omega_0-\omega}{\omega}=\frac{\iiint_{V_1}(\varepsilon_1-\varepsilon_0)\overrightarrow{E}_0^*\cdot\overrightarrow{E}_0\mathrm{d}V}{\iiint_{V_1}(\mu_0\overrightarrow{H}_0^*\cdot\overrightarrow{H}_0+\varepsilon_0\overrightarrow{E}_0^*\cdot\overrightarrow{E}_0)\mathrm{d}V+\iiint_{V_1}(\mu_0\overrightarrow{H}_0^*\cdot\overrightarrow{H}_0+\varepsilon_0\overrightarrow{E}_0^*\cdot\overrightarrow{E}_0)\mathrm{d}V}$$
$$=\frac{E_{\max}^2(\varepsilon_1-\varepsilon_0)V_1}{4W}$$

其中,$E_{\max}$为电场的最大值,W 为微扰前测试所用模式下谐振腔内的总储能。对于矩形谐振腔的 TE 模,有 $W=E_{\max}^2\varepsilon_0V/8$。

13.3.4 谐振腔品质因数和介电常数的测量

当电磁波在传输线的空腔中传输时,遇到待测的介质,一部分会直接投射,另一部分则被反射,在这个过程中同时伴随有能量衰减和相移。

谐振条件:谐振腔发生谐振时,腔长必须是半个波导波长的整数倍,此时,电磁波在腔内连续反射,产生驻波。

13.3.4.1 品质因数的测量

谐振腔的有载品质因数 Q_L 由下式确定:

$$Q_L=\frac{f_0}{|f_1-f_2|}$$

其中,f_0 为谐振腔的谐振频率,f_1 为加载介质后谐振腔体测定的功率点频率,f_2 为未加载

介质的功率点频率。谐振腔的 Q 值越高,谐振曲线越窄,因此 Q 值的高低除了表示谐振腔效率的高低之外,还表示频率选择性的好坏。

13.3.4.2　介电常数的测量

如果在矩形谐振腔内插入一样品棒,样品在腔中电场的作用下会极化,并在极化的过程中产生能量损失,因此,谐振腔的谐振频率和品质因数将会变化。微扰法 TE10 模式的矩形腔示意图如图 13-2 所示。

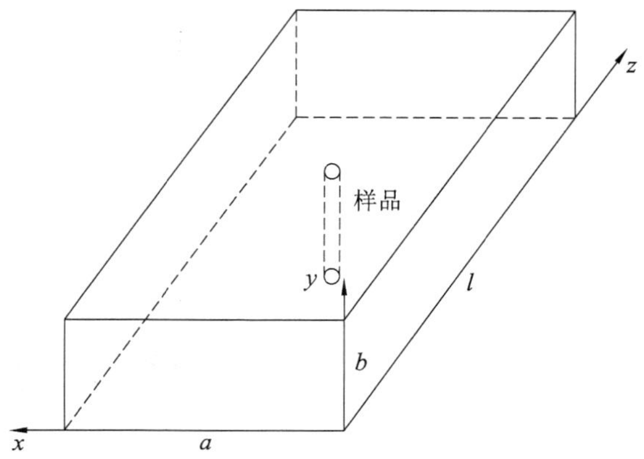

图 13-2　TE10 模式的矩形腔

电介质在交变电场下,其介电常数 ε 为复数,$\varepsilon=\varepsilon_r'-j\varepsilon_r''$,$\varepsilon_r'$和 ε_r''由下面两个表达式确定:

$$\varepsilon_r'=\frac{V_c(f_c-f_s)}{2V_sf_s}+1$$

$$\varepsilon_r''=\frac{V_c}{4V_s}\left(\frac{1}{Q_s}-\frac{1}{Q_c}\right)$$

其中,ε_r'为样品相对介电常数的实部,ε_r''为样品相对介电常数的虚部,f_c 为空腔体的谐振频率,f_s 为腔体加入样品后的谐振频率,Q_c 为空腔体的品质因数,Q_s 为腔体加入样品后的品质因数,V_c 为空腔体的体积,V_s 为样品的体积。

ε 与介电损耗正切 $\tan\delta$ 之间存在下列关系:

$$\tan\delta=\frac{\varepsilon_r''}{\varepsilon_r'}$$

故根据此关系式即可求出矩形谐振腔的介电常数。

对于矩形谐振腔的 TE 模,有

$$\varepsilon_r'=\frac{(f_0-f)V}{2fV_1}+1$$

$$\varepsilon_r''=\frac{\left(f\frac{1}{Q}-f\frac{1}{Q'}\right)V}{4fV_1}$$

其中，f_0 和 f 分别为微扰前后的谐振频率，Q 和 Q' 分别为微扰前后谐振腔的品质因数。

13.3.5 介电常数的常用测量方法

总体来说，目前测量介电常数的方法主要有集中电路法、传输线法、谐振法、自由空间法等。其中，集中电路法、传输线法、谐振法属于实验室测量方法，即测量通常是在实验室中进行的，要求具有相应的样品采集技术。另外，对于已知介电常数材料发泡后的介电常数，通常用经验公式得到。

13.3.5.1 集中电路法

集中电路法是一种在低频段用有耗材料填充电容，利用电容各参数及测量得到的导纳推出介电常数的方法。其原理公式为

$$Y = \mathrm{j}\omega\varepsilon_0 \frac{A}{d}(\varepsilon' - \mathrm{j}\varepsilon'')$$

其中，Y 为导纳，A 为电容面积，d 为极板间距离，ε_0 为空气介电常数，ω 为角频率。为了测量导纳，通常用并联谐振回路测出品质因数 Q 的值和频率，进而推出介电常数。

13.3.5.2 传输线法

传输线法是网络法的一种，是将介质置入测试系统适当位置作为单端口或双端口网络，适合测试损耗较大的如吸波材料。双端口情况下，通过测量网络的 s 参数来得到微波的电磁参数。图 13-3 为双端口传输线法的原理示意图。

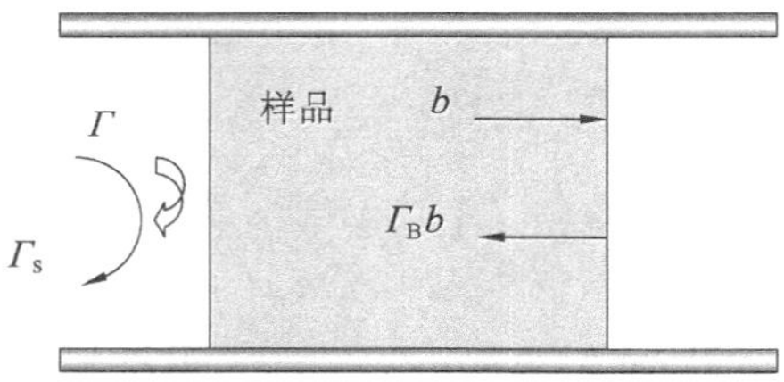

图 13-3 双端口传输线法原理示意图

传输系数用 Γ_{s} 表示：

$$\Gamma_{\mathrm{s}} = \frac{(1-\Gamma^2)\mathrm{e}^{-\gamma l}}{1-\Gamma^2\mathrm{e}^{-2\gamma l}}$$

其中，Γ 表示空气样品的反射系数，γ 为传播系数，l 为样品长度。反射系数 Γ 可以表示为

$$\Gamma = \frac{\left[1-\left(\frac{f_0}{f}\right)^2\right]^{1/2} - \left[\varepsilon_{\mathrm{r}} - \left(\frac{f_0}{f}\right)^2\right]^{1/2}}{\left[1-\left(\frac{f_0}{f}\right)^2\right]^{1/2} + \left[\varepsilon_{\mathrm{r}} - \left(\frac{f_0}{f}\right)^2\right]^{1/2}}$$

其中，f_0 为无样品时传输线的截止频率。

同时测量传输系数或者反射系数的相位和幅度，改变样品长度或者测量频率，测出这时的幅度响应，联立方程组就能够求出相对介电常数。

13.3.5.3　谐振法

谐振法是将样品作为谐振结构的一部分来测量介电常数的方法，分为微扰法、全部填充谐振器空间的方法及部分填充谐振器空间的方法。谐振法的具体方法有很多，如矩形腔法、谐振腔微扰法、微带线谐振器法、带状线谐振器法、介质谐振器法、高 Q 腔法等。谐振法基本可以测量所有频率范围内的材料的介电常数，但是现有方法中对毫米波范围的研究居多。谐振法具有单模性能好、Q 值高、腔加工和样品准备简单、操作方便及测量精度高等优点；但是对于损耗正切的测量一直不能十分准确，一般只能在几个分离的频率点上进行测量；因为谐振频率和固有品质可以较准确地测量，非常适用于对低损耗介质材料的测量。

13.3.5.4　自由空间法

自由空间法其实也可算是传输线法。它的原理可参考线路传输法，通过测得传输和反射系数，改变样品数据和频率来得到介电常数的数值。图 13-4 为自由空间法示意图。

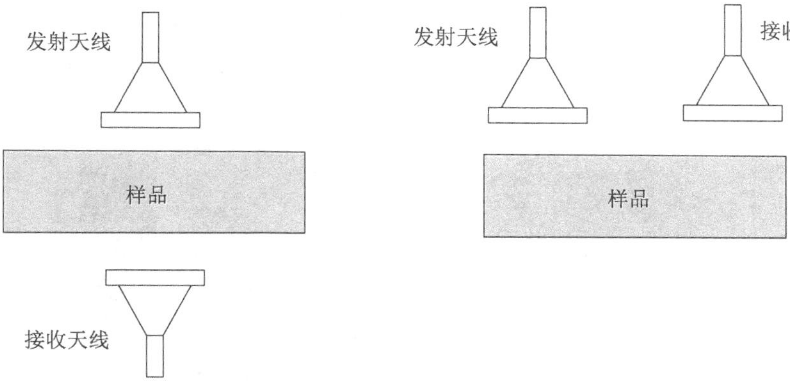

图 13-4　自由空间法示意图

自由空间法与传输线法有所不同。传输线法要求波导壁和被测材料完全接触，而自由空间法克服了这个缺点。自由空间法保存了线路传输法可以测量宽频带范围的优点。自由空间法要求材料要有足够的损耗，否则会在材料中形成驻波并引起误差。因此，这种方法只适用于高于 3 GHz 的高频情况。其最高频率可以达到 100 GHz。

本实验采用 ASTM(美国材料与试验协会)的测试规范方法。该方法是使用两端带有 Iris 耦合平板的矩形波导，矩形波导腔体的主模为 TE10n，具体测量时，如果材料样品为介电特性，需把介质样品置于腔体电场最大处；如果矩形波导腔体中间开一小孔，则半波长的奇数倍将对应于电场最大处，半波长的偶数倍对应于磁场最大处。

13.4　实验内容

(1) 计算空腔时的有载品质因数。

(2) 计算金属螺丝作为介质材料，并且完全插入谐振腔时的有载品质因数。

（3）计算金属螺丝作为介质材料，但不完全插入谐振腔时的有载品质因数。

（4）计算透明样品试管作为介质材料，并且完全插入谐振腔时的有载品质因数。

（5）计算透明样品试管作为介质材料，但不完全插入谐振腔时的有载品质因数。

（6）计算谐振腔的体积、金属螺丝的体积及透明样品试管的体积。

13.5 实验步骤

（1）取出JMX-CR谐振腔综合实验组件、JMX-ED检波模块、N-SMA转接头、高速USB 2.0电缆线等实验器件，分别用双头SMA射频电缆将JMX-EMWLab电磁波综合实验教学系统右下角的RF-out端与JMX-CR谐振腔综合实验组件的其中一侧的SMA建立可靠连接；右下角的RF-in端与JMX-ED检波模块的输出端建立可靠连接，检波模块的输入端与谐振腔综合实验组件的另外一个端口SMA建立可靠连接，装置如图13-5所示。

图13-5 实验装置

（2）打开电磁波综合实验教学系统的电源开关和系统开关，点击系统主界面上的“微扰法谐振腔”实验模块，进入操作界面后，点击“介质”按钮，可以设置不同的介质，如图 13-6 所示。

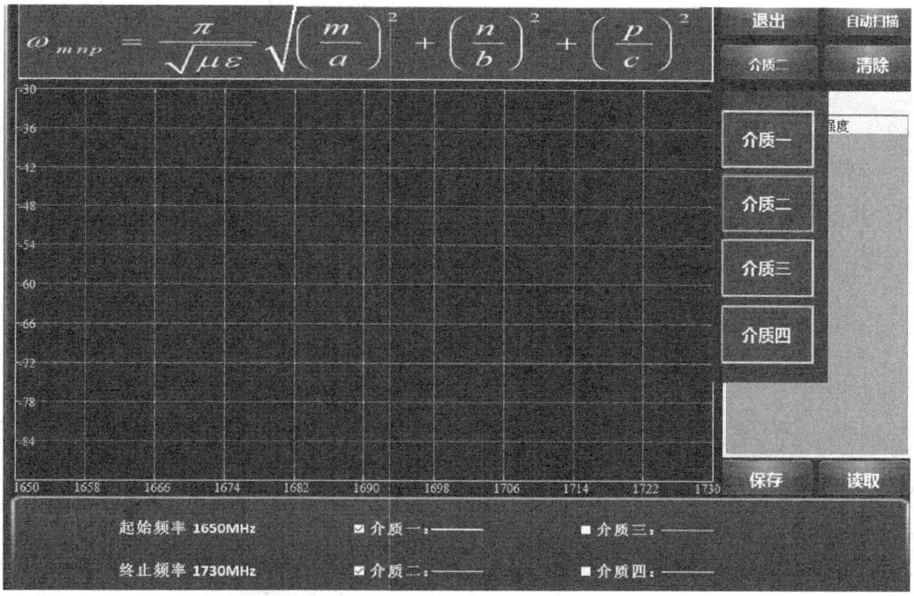

图 13-6　“微扰法谐振腔”实验界面参数设置

（3）在“介质”中选择介质一，使其代表空腔，按下“自动扫描”按钮，记录此时谐振腔的频率数据。

（4）在“介质”中选择介质二，使其代表金属螺丝全部插入腔内，按下“自动扫描”按钮，记录此时谐振腔的频率数据。

（5）在“介质”中选择介质三，使其代表金属螺丝部分（自己拟定插入的深度）插入腔内，按下“自动扫描”按钮，记录此时谐振腔的频率数据。

（6）在“介质”中选择介质四，使其代表透明样品试管全部插入腔内，按下“自动扫描”按钮，记录此时谐振腔的频率数据。

（7）在“介质”中选择介质四，使其代表透明样品试管部分（自己拟定插入的深度）插入腔内，按下“自动扫描”按钮，记录此时谐振腔的频率数据。

（8）实验结束，将实验器材整理好放回实验配件盒中，关闭系统开关和电源开关。

13.6　实验结果记录

（1）空腔时频率的扫描数据，并绘制相应的曲线。

（2）金属螺丝全部插入腔内时频率的扫描数据，并绘制相应的曲线。

（3）金属螺丝部分插入腔内时频率的扫描数据，并绘制相应的曲线（说明插入深度）。

（4）透明样品试管全部插入腔内时频率的扫描数据，并绘制相应的曲线。

（5）透明样品试管部分插入腔内时频率的扫描数据，并绘制相应的曲线（说明插入深度）。

（6）各种实验条件下的谐振频率值及其强度。

13.7 实验案例

本案例中，选择三种条件：空腔、金属螺丝全部插入腔内、金属螺丝部分插入腔内（插入深度任意）。在这三种情况下，对其自动扫描，扫描的结果如图 13-7 所示。

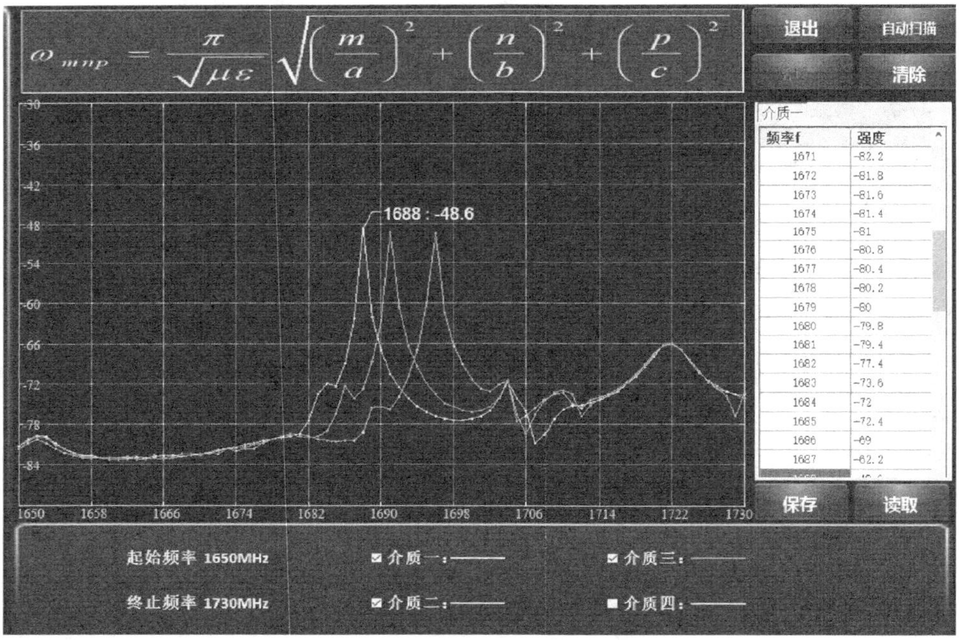

图 13-7 实验案例结果

在空腔、金属螺丝全部插入腔内、金属螺丝部分插入腔内三种条件下的谐振频率值依次为 1 688 MHz，1 696 MHz，1 691 MHz，对应的强度值依次为 －48.6 dB，－49.4 dB，－49.2 dB。

有载品质因数及介电常数在这里不作详细计算，学生在实验结束后，根据所测数据，按照相关公式计算出来。

13.8　实验结果讨论

（1）空腔与金属螺丝全部插入腔内两种情况的品质因数和介电常数的值谁大谁小？为什么？

（2）空腔与金属螺丝部分插入腔内两种情况的品质因数和介电常数的值谁大谁小？为什么？

（3）空腔与透明样品试管全部插入腔内两种情况的品质因数和介电常数的值谁大谁小？为什么？

（4）空腔与透明样品试管部分插入腔内两种情况的品质因数和介电常数的值谁大谁小？为什么？

（5）金属螺丝全部插入腔内与金属螺丝部分插入腔内两种情况的品质因数和介电常数的值谁大谁小？为什么？

（6）透明样品试管全部插入腔内与透明样品试管部分插入腔内两种情况的品质因数和介电常数的值谁大谁小？为什么？

（7）金属螺丝全部插入腔内与透明样品试管全部插入腔内两种情况的品质因数和介电常数的值谁大谁小？为什么？

13.9　拓展与应用

尝试利用微扰法公式，根据实验观测谐振频率增减的量值计算：

（1）介质样品的介电常数 ε。

（2）固定直径螺杆介入谐振腔的长度。

13.10　总结及心得体会

根据本次实验实际操作，总结实验过程中出现的问题，并描述是如何解决该问题的，以及从本次实验中学到了什么。字数不得少于 150 字。

13.11 实验报告要求

(1) 按照实验要求完成所有的实验,并记录相关数据。

(2) 完成数据的运算及整理,绘制出不同介质下的频率曲线图,并加以说明。

(3) 采样点的数据以表格的形式给出,并加以说明。

(4) 对实验过程中的现象进行讨论分析。

(5) 按照标准实验报告的格式完整写出整个实验过程,并按时上交实验报告。

第二部分

光学实验

第 14 章

光学实验预备知识

光学实验是普通物理实验的一个重要部分。这里先介绍光学实验中经常用到的知识和调节技术。初学者在做实验之前应认真阅读这些内容，并在实验中严格遵守有关规则和灵活运用有关知识。

14.1 光学元件和仪器的维护

透镜、棱镜等光学元件，大多数是用光学玻璃制成的。它们的光学表面都经过了仔细的研磨和抛光，有些还镀有一层或多层薄膜。一般对这些元件或其材料的光学性能（例如折射率、反射率、透射率等）都有一定的要求，而它们的机械性能和化学性能可能很差，若使用和维护不当，则会降低光学性能甚至造成损坏报废。造成损坏的常见原因有摔坏、磨损、污损、发霉、腐蚀等。为了安全使用光学元件和仪器，必须遵守以下规则：

（1）必须在了解仪器的操作和使用方法后方可使用。

（2）轻拿轻放，勿使仪器或光学元件受到冲击或震动，特别要防止摔落。不使用的光学元件应随时装入专用盒内并放入平台的箱子内，最好放入干燥器中保存。

（3）切忌用手接触元件的光学表面。如必须用手拿光学元件，只能接触其磨砂面，如透镜的边缘、棱镜的上下底面等（见图 14-1）。

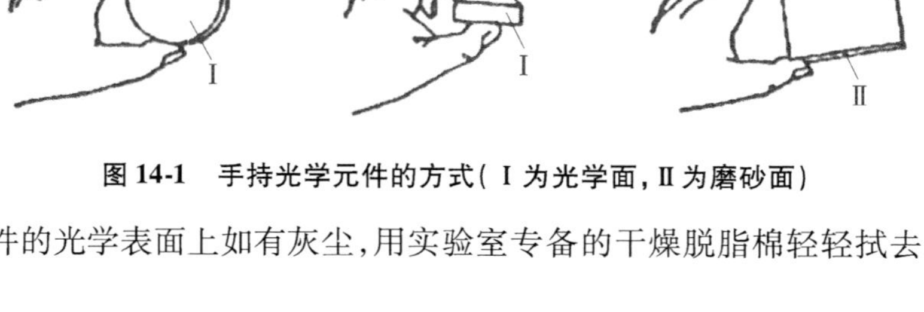

图 14-1　手持光学元件的方式（Ⅰ为光学面，Ⅱ为磨砂面）

（4）元件的光学表面上如有灰尘，用实验室专备的干燥脱脂棉轻轻拭去或用橡皮球吹掉。

（5）元件的光学表面上若有轻微的污痕或指印，用清洁的镜头纸轻轻拂去，但不要加压擦拭，更不准用手帕、普通纸片、衣服等擦拭。若元件的光学表面有较严重的污痕或指印，应由实验室人员用丙酮或酒精清洗。所有镀膜面均不能接触或擦拭。

（6）防止唾液或其他溶液溅落在光学表面上。

（7）调整光学仪器时，要耐心细致，一边观察一边调整，动作要轻、慢，严禁盲目及粗鲁操作。

（8）仪器用毕后应放回箱内或加罩，防止灰尘玷污。

14.2　消视差

光学实验中经常要测量像的位置和大小，由经验可知，要测准物体的大小，必须将量度标尺与被测物体紧贴在一起。如果标尺远离被测物体，读数将随眼睛的位置不同而有所改变，难以测准，如图 14-2 所示。

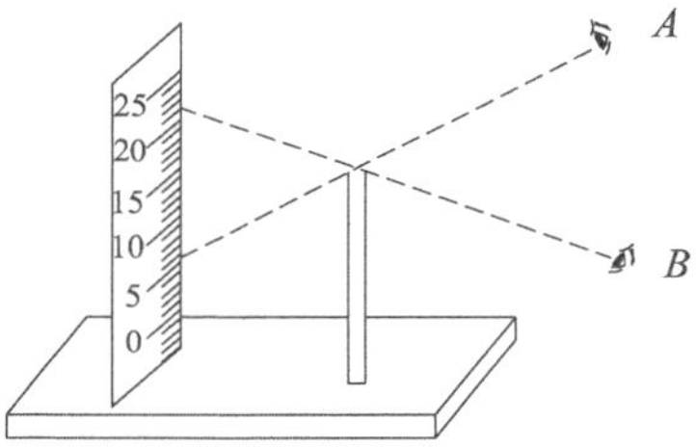

图 14-2　眼睛位置不同，所得测量结果不同

可是在光学实验中被测物往往是一个看得见摸不着的像，怎样才能确定标尺和待测像是紧贴在一起的呢？利用“视差”现象可以解决这个问题。为了认识“视差”现象，读者可做一简单实验：双手各伸出一只手指，并使一指在前，一指在后，相隔一定距离，且两指平行。用一只眼睛观察，当左右（或上下）晃动眼睛时（眼睛移动方向应与被观察手指垂直），就会发现两指间有相对移动，这种现象称为“视差”。而且还会看到离眼近者，其移动方向与眼睛移动方向相反；离眼远者，则与眼睛移动方向相同。若将两指紧贴在一起，则无上述现象，即无“视差”。由此可以利用“视差”现象来判断待测像与标尺是否紧贴。若待测像和标尺间有“视差”，说明它们没有紧贴在一起，则应该稍稍调节像或标尺的位置，同时微微晃动眼睛观察，直到它们之间无“视差”后方可进行测量。这一调节步骤，称为“消视差”。在光学实验中，“消视差”常常是测量前必不可少的操作步骤。

14.3　共轴调节

光学实验中经常要用一个或多个透镜成像。为了获得质量好的像，必须使各个透镜的主光轴重合(即共轴)并使物体位于透镜的主光轴附近。此外,透镜成像公式中的物距、像距等都是沿主光轴计算长度的,为了测量准确,必须使透镜的主光轴与带有刻度的标尺平行。为达到上述要求而进行的调节统称为共轴调节,调节方法如下:

(1) 粗调:将光源、物和透镜靠拢,调节它们的取向和高低左右位置,凭眼睛观察,使它们的中心处在一条和标尺平行的直线上,使透镜的主光轴与标尺平行,并且使物(或物屏)和成像平面(或像屏)与平台垂直。这一步骤因单凭眼睛判断,调节效果与实验者的经验有关,故称为粗调。通常应再进行细调(要求不高时可只进行粗调)。

(2) 细调:这一步骤要靠其他仪器或成像规律来判断和调节。不同的装置可能有不同的具体调节方法。下面介绍物与单个凸透镜共轴的调节方法。

使物与单个凸透镜共轴实际上是指将物上的某一点调到主光轴上。要解决这一问题,首先要知道如何判断物上的点是否在透镜的主光轴上。根据凸透镜成像规律即可判断。如图 14-3 所示,当物 AB 与像屏之间的距离 b 大于 $4f$(f 为焦距)时,将凸透镜沿光轴移到 O_1 或 O_2 位置都能在屏上成像,一次成大像 A_1B_1,一次成小像 A_2B_2。物点 A 位于光轴上,则两次像的点 A_1 和 A_2 都在光轴上,而且重合。物点 B 不在光轴上,则两次像的点 B_1 和 B_2 一定都不在光轴上,而且不重合。但是,小像的点 B_2 总是比大像的点 B_1 更接近光轴。由此可知,若要将 B 点调到凸透镜光轴上,只需记住像屏上小像的 B_2 点位置(屏上贴有坐标纸供记录位置时作参照物),调节透镜(或物)的高低左右,使 B_1 向 B_2 靠拢。这样反复调节几次直到 B_1 与 B_2 重合,即说明 B 点已调到透镜的主光轴上。

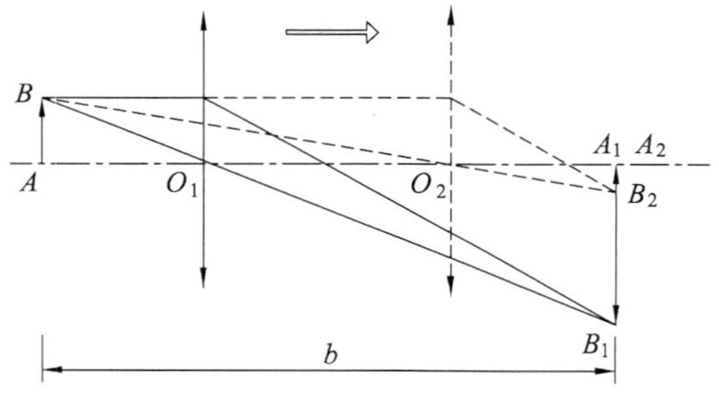

图 14-3　共轴调节的光路图

若要调节多个透镜共轴,则应先将物上 B 点调到一个凸透镜的主光轴上,然后同样根据轴上物点的像总在轴上的原理,逐个增加待调透镜,调节它们使之逐个与第一个透镜共轴。

第 15 章

用位移法测薄凸透镜焦距 f

15.1 实验目的

了解掌握位移法测凸透镜焦距的原理及方法。

15.2 实验原理

对凸透镜而言，当物和像屏间的距离 l 大于 4 倍焦距时，在它们之间移动透镜，屏上会出现两次清晰的像，一个为放大的像，一个为缩小的像。分别记下两次成像时透镜距物的距离 O_1 和 O_2（$e=|O_1-O_2|$），距屏的距离 O_1' 和 O_2'。根据光线的可逆性原理，这两个位置是"对称"的，即 $O_1=O_2'$，$O_2=O_1'$，则

$$l-e=O_1+O_2'=2O_1=2O_2'$$

$$O_1=O_2'=(l-e)/2$$

而 $O_1'=l-O_1=l-(l-e)/2=(l+e)/2$，把结果代入透镜的牛顿公式 $1/s+1/s'=1/f$，即可得到透镜的焦距为

$$f=(l^2-e^2)/4l$$

由此便可算得透镜的焦距，这个方法的优点是，把焦距的测量归结为对于可以精确测定的量 l 和 e 的测量，避免了在测量 u 和 v 时，由于估计透镜中心位置不准确所带来的误差。

15.3 仪器实物图及原理图

仪器实物图及原理图分别如图 15-1 和图 15-2 所示，实验使用仪器见表 15-1。

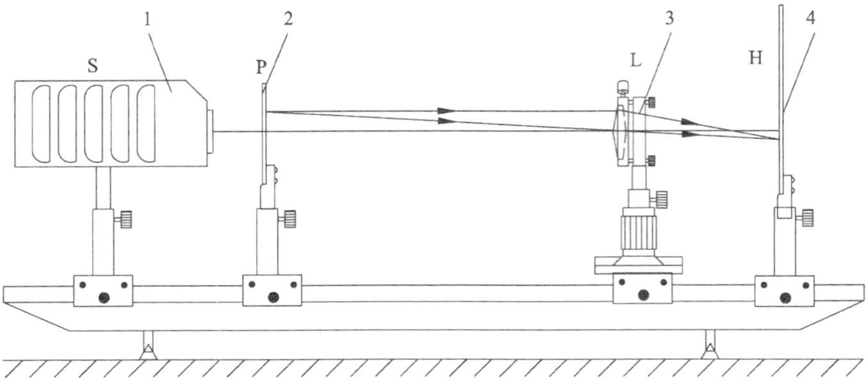

图 15-1 仪器实物图

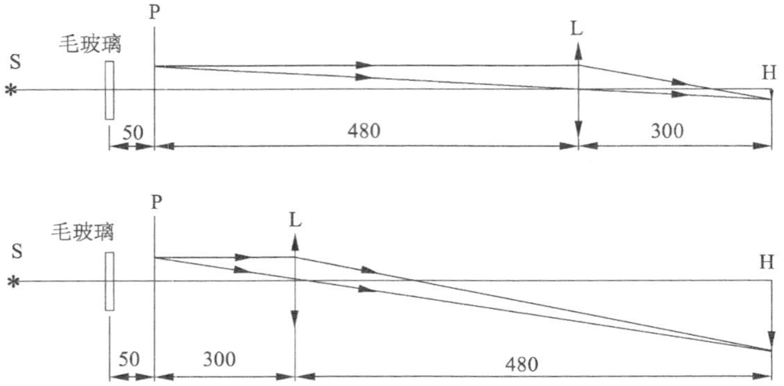

图 15-2 仪器原理图

表 15-1 实验使用仪器

序号	名称	型号/规格
1	白光源	
	滑座	
2	物屏	
	滑座	
3	凸透镜	焦距 100 mm
	凸透镜	焦距 150 mm
	滑座	
4	白屏	
	滑座	

15.4 实验步骤

(1) 把全部器件按图 15-1 的顺序摆放在平台上,靠拢后目测调至共轴,而后再使物

屏 P 和白屏 H 之间的距离 l 大于 4 倍焦距。（图中数据均为参考数据）

（2）沿标尺前后移动 L，使物在白屏 H 上成一清晰的放大像，记下 L 的位置 a_1。

（3）再沿标尺向后移动 L，使物再在白屏 H 上成一缩小像，记下 L 的位置 a_2。

（4）将 P，L，H 转 180°，重复步骤（1）~（3），再次得到 L 的两个位置 b_1 和 b_2。

（5）用 $f=100$ mm 和 $f=150$ mm 的透镜各做一遍，比较实验值和真实值的差异并分析其原因。

（6）选择更多规格的透镜进行实验。（选做）

15.5　数据处理

$e_a=a_1-a_2$，$e_b=b_1-b_2$；

$f_a=(l^2-e_a^2)/4l$，$f_b=(l^2-e_b^2)/4l$；

透镜焦距：$f=(f_a+f_b)/2$。

15.6　实验结果讨论

（1）区别凹凸透镜的简便方法是什么？

（2）如何粗略估计透镜焦距？

（3）可以用眼睛直接观察实像吗？

（4）在使用位移法测焦距时，为什么物屏与像屏的间距要略大于 4 倍焦距？

（5）在使用位移法测焦距时，为什么要求透镜旋转 180°？

15.7　实验报告要求

（1）按照实验要求完成所有的实验，并记录相关数据。

（2）绘制相应的光路图，完成数据的运算及整理，并加以说明。

（3）对实验过程中的现象进行讨论分析。

（4）按照标准实验报告的格式完整写出整个实验过程，并按时上交实验报告。

第 16 章

自组显微镜

16.1 实验目的

了解显微镜的基本原理和结构，并掌握其调节、使用和测量它的放大率的方法。

16.2 实验原理

显微镜是一种助视光学仪器。显微镜是用来观察和测量有限远微小目标的工具。光学显微镜根据具体用途可以分为许多种类，在实验中经常使用的是生物显微镜、体视显微镜、工具显微镜、偏光显微镜和读数显微镜等。

物镜 L_o 的焦距 f_o 很短，将分划板 F_1 放在它前面距离略大于 f_o 的位置，F_1 经 L_o 后成一放大实像 F_1'，然后再用目镜 L_e 作为放大镜观察这个中间像 F_1'，F_1' 应成像在 L_e 的第一焦点 F_e 之内，经过目镜后在明视距离处成一放大的虚像 F_1''。

16.3 仪器实物图及原理图

仪器实物图及原理图如图 16-1 所示，实验使用仪器见表 16-1。

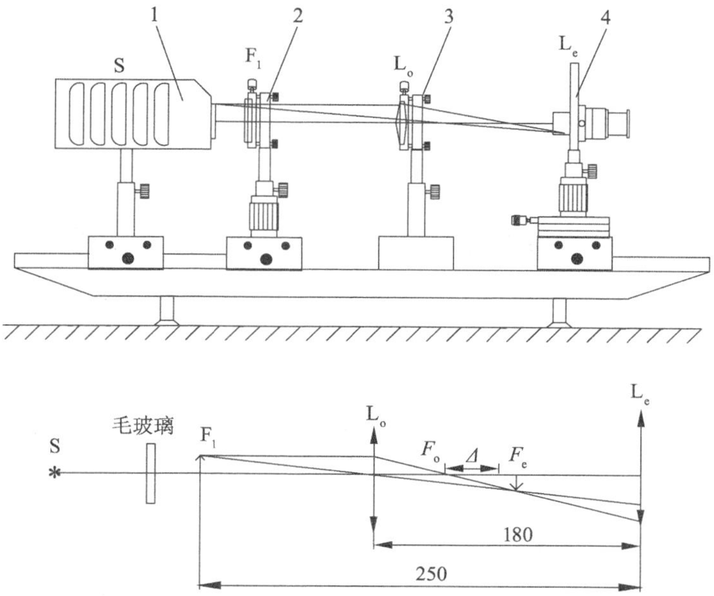

图 16-1　仪器实物图及原理图

表 16-1　实验使用仪器

序号	名称	型号/规格
1	白光源	
	滑座	
2	分划板	
	滑座	
3	凸透镜	焦距 50 mm
	滑座	
4	读数显微镜	
	读数显微镜架	
	滑座	

16.4　实验步骤

(1) 把全部器件按图 16-1 的顺序摆放在平台上，靠拢后目测调至共轴。（图中数据均为参考数据）

(2) 把透镜 L_o与 L_e的间距固定为 180 mm。

(3) 沿标尺导轨前后移动 F_1（F_1紧挨毛玻璃装置，使 F_1置于略大于f_o的位置），直至在显微镜系统中看清分划板 F_1 的刻线。

16.5 数据处理

显微镜的计算放大率：$M = |(250 \times \Delta)| / (f_o \times f_e)$；

其中：$\Delta = f_o - f_e$（见图 16-1）。

本实验中的 $f_e = 250/20$（计算方法可参考光学书籍）。

16.6 实验结果讨论

（1）设计出自组显微镜的光学系统，画出光路图，说明结构和简单原理，并用选择的透镜组成显微镜。

（2）如何理解显微镜的基本结构、工作原理及调节、使用方法？

（3）如何对显微镜的线放大率进行实验测量和理论计算？

16.7 拓展与应用

（1）实验中应如何调节使光学系统共轴？

（2）如何选择合适的透镜作目镜和物镜？

（3）是否还有其他实验的设计可以用来计算显微镜的放大率？

16.8 实验报告要求

（1）按照实验要求完成所有的实验，并记录相关数据。

（2）绘制相应的光路图，完成数据的运算及整理，并加以说明。

（3）对实验过程中的现象进行讨论分析。

（4）按照标准实验报告的格式完整写出整个实验过程，并按时上交实验报告。

第 17 章

自组望远镜

17.1 实验目的

了解望远镜的基本原理和结构,并掌握其调节、使用和测量它的放大率的方法。

17.2 实验原理

与显微镜类似,望远镜也是一种助视仪器,用来帮助人们观察远处的物体。当位于远处的物体的细节对眼睛的视角小于人眼的分辨极限时,人们必须借助望远镜才能分辨它。望远镜有两种基本类型:开普勒望远镜和伽利略望远镜。开普勒望远镜的目镜和物镜均为正透镜;伽利略望远镜的目镜是负透镜(凹透镜),而物镜是正透镜。

最简单的望远镜是由一片长焦距的凸透镜作为物镜,用一短焦距的凸透镜作为目镜组合而成的。远处的物经过物镜在其后焦面附近成一缩小的倒立实像,物镜的像方焦平面与目镜的物方焦平面重合。目镜起放大镜的作用,把这个倒立的实像再放大成一个正立的像,如图 17-1 所示。

17.3 仪器实物图及原理图

仪器实物图及原理图如图 17-1 所示,实验使用仪器见表 17-1。

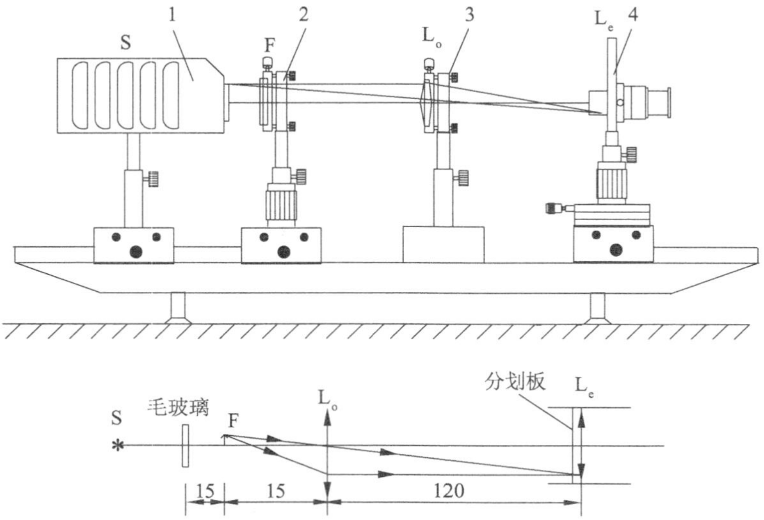

图 17-1　仪器实物图及原理图

表 17-1　实验使用仪器

序号	名称	型号/规格
1	白光源	
	滑座	
2	分划板	
	滑座	
3	凸透镜	焦距 100 mm
	滑座	
4	读数显微镜	
	读数显微镜架	
	滑座	
	白屏	

17.4　实验步骤

（1）把全部器件按图 17-1 的顺序摆放在平台上，靠拢后目测调至共轴。（图中数据均为参考数据）

（2）把 F 和 L_e 的间距调至最大，沿导轨前后移动 L_o，使一只眼睛通过 L_e 看到清晰的分划板 F 上的刻线。

（3）再用另一只眼睛直接看分化板 F 上的刻线，读出直接看到的 F 上的满量程 28 条线对应于通过望远镜所看到的 F 上的刻线格数 e。

（4）分别读出 F，L_o，L_e的位置 a，b，d。

（5）拿掉 L_e，用白屏 H 找到 F 通过 L_o所成的像，读出白屏 H 的位置 c。

17.5　数据处理

$$M=\frac{\omega'}{\omega}=\frac{A'B'/U_2}{AB/(U_1+V_1+U_2)}=\frac{A'B'}{AB}\cdot\frac{U_1+V_1+U_2}{U_2},$$

$$\frac{A'B'}{AB}=\frac{V_1}{U_1},$$

$M=V_1(U_1+V_1+U_2)/(U_1\times U_2)$。

望远镜的测量放大率：$M=140/e$；

望远镜的计算放大率：$M=V_1(U_1+V_1+U_2)/(U_1\times U_2)$；

其中：$U_1=b-a$，$V_1=c-b$，$U_2=d-c$，AB 是观测物的长度，$A'B'$是像的长度。

17.6　实验结果讨论

（1）设计自组望远镜的光学系统，画出光路图，说明结构和简单原理，并用选择的透镜组成望远镜。

（2）如何理解望远镜的基本结构、工作原理及调节、使用方法？

（3）对自组望远镜和显微镜在结构、调焦和放大率等方面的相同点与不同点进行分析，谈谈如何选择焦距合适的透镜组合仪器。

（4）如何对望远镜的角放大率进行实验测量和理论计算？

17.7　拓展与应用

（1）实验中应如何调节使光学系统共轴？

（2）如何选择合适的透镜作目镜和物镜？

（3）是否还有其他实验的设计可以用来计算望远镜的放大率？

17.8 实验报告要求

(1) 按照实验要求完成所有的实验,并记录相关数据。

(2) 绘制相应的光路图,完成数据的运算及整理,并加以说明。

(3) 对实验过程中的现象进行讨论分析。

(4) 按照标准实验报告的格式完整写出整个实验过程,并按时上交实验报告。

第 18 章

干涉测量实验

18.1 实验目的

了解双缝干涉原理及现象。

18.2 实验原理

双缝实验是著名的光学实验。1807 年,托马斯·杨总结出版了他的《自然哲学讲义》,里面综合整理了他在光学方面的工作,并第一次描述了双缝实验:把一支蜡烛放在一张开了一个小孔的纸前面,这样就形成了一个点光源(从一个点发出的光源)。在纸后面再放一张纸,不同的是第二张纸上开了两道平行的狭缝。从小孔中射出的光穿过两道狭缝投到屏幕上,就会形成一系列明暗交替的条纹,这就是现在众人皆知的双缝干涉条纹。

在量子力学里,双缝实验(double-slit experiment)是一个测试量子物体像光或电子等的波动性质与粒子性质的实验。双缝实验所需的基本仪器设置很简单。以光的双缝实验为例,照射相干光束于一块内部刻出两条狭缝的不透明挡板,在挡板的后面,摆设照相底片或某种侦测屏,用来记录通过狭缝的光波的数据。从这些数据,可以了解光束的物理性质。光束的波动性质使得通过两条狭缝的光束互相干涉,造成了显示于侦测屏的明亮条纹和黑暗条纹,这就是双缝实验著名的干涉图案。可是,实验者又发现,光束总是以一颗颗粒子的形式抵达侦测屏。

激光通过双缝时,每一条狭缝都会各自产生一套单缝衍射的图样,如图 18-1 所示。由于两条狭缝宽度相同且相互平行,故两条狭缝衍射的光强分布完全相同。因为狭缝都是同一单色光源照明,所以从两条狭缝射出的光波的叠加是相干叠加,它们之间还要产生干涉(见图 18-2)。由杨氏双缝干涉公式可知,双缝干涉的强度分布为

$$I = 2I_1(1 + \cos\delta) = 4I_1\cos^2\frac{\delta}{2} \tag{18-1}$$

其中，I_1 是单独一条狭缝在接收屏上某一点的光强，δ 是从两条狭缝的中心分别到接收屏上 P 点的相位差，相位差 δ 可表示为

$$\delta = \frac{2\pi}{\lambda} d\sin\theta$$

这里 d 表示狭缝中心间距。

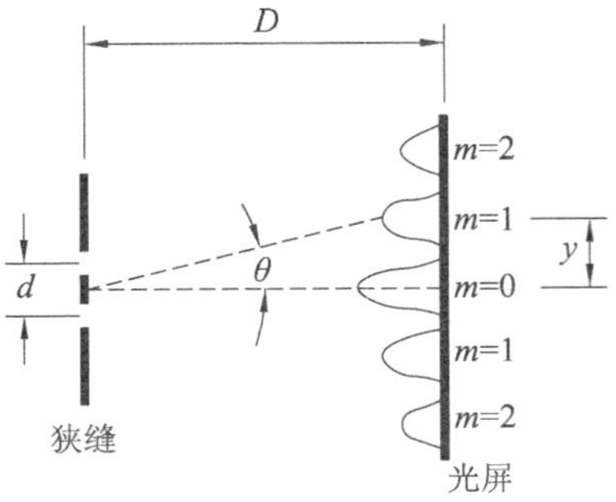

图 18-1 单缝衍射图样

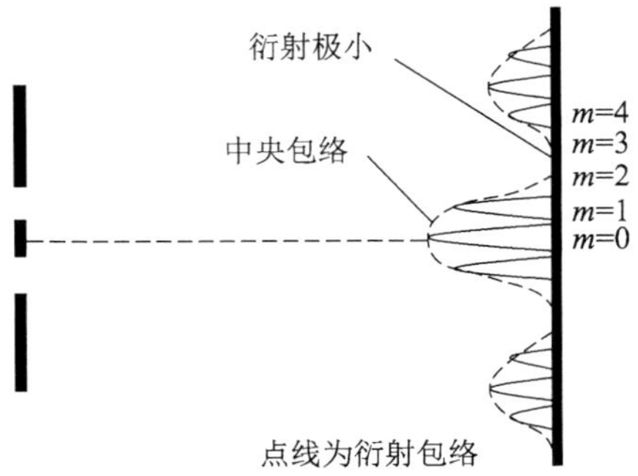

图 18-2 双缝干涉光强分布图

干涉条纹中的极大（亮条纹）对应的角度可由下式给出：

$$d\sin\theta = \frac{\delta\lambda}{2\pi} = m\lambda\ (m = 1, 2, 3, \cdots) \tag{18-2}$$

其中，θ 表示从干涉图样中心到第 m 级极大之间的夹角，λ 表示光的波长，m 表示级次（从中心向外计数，0 对应中央极大，1 对应第一级极大，2 对应第二级极大……），如图 18-1 和图 18-2 所示。通常因为角度较小，可以假设 $\sin\theta \approx \tan\theta$。

根据三角关系，

$$\tan\theta = \frac{y}{D}$$

这里 y 表示在屏上从图样中心到第 m 级极大之间的距离，D 表示从狭缝到屏的距离，如图 18-1 所示。所以可得缝间距为

$$d = \frac{m\lambda D}{y}\ (m = 1, 2, 3, \cdots) \tag{18-3}$$

将单缝衍射的强度公式代入公式（18-1）中，可得到双缝干涉的光强分布：

$$I = 4I_0 \frac{\sin^2 u}{u^2} \cos^2 \frac{\delta}{2} \tag{18-4}$$

双缝实验也可以用来检试像电子一类粒子的物理行为，虽然使用的仪器不同，但是都会得到类似的结果，显示出波粒二象性。

18.3 仪器实物图及原理图

双缝干涉实验仪器实物图如图 18-3 所示，实验使用仪器见表 18-1。

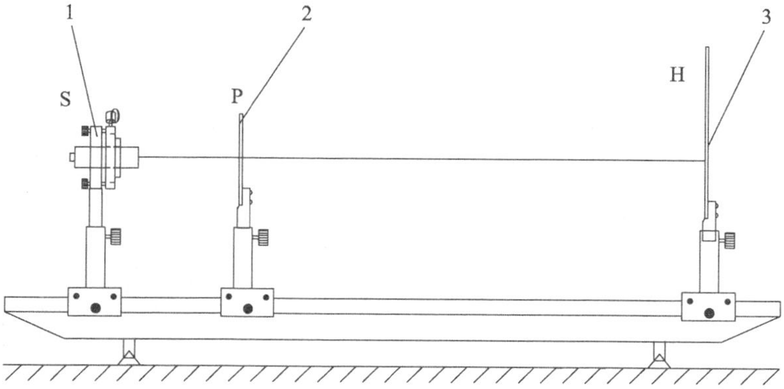

图 18-3　双缝干涉实验仪器实物图

表 18-1　实验使用仪器

序号	名称	型号/规格
1	激光器	650 nm
	滑座	
	二维调整架	
2	双缝	
	滑座	
3	白屏	
	滑座	
4	光电传感器	

18.4　注意事项

(1) 不要用肉眼直视激光器输出光,防止造成伤害。

(2) 仪器放置处不可长时间受阳光照射。

(3) 激光器发出的光束应平行于工作平台的工作面。

(4) 光束应通过放入光路中的部件的中心,以保证光束垂直入射到接收器上。

(5) 在插拔线时,应先关掉电源开关。

18.5 实验步骤

18.5.1 观测双缝干涉的光强分布

(1) 参照图 18-3 搭建光路,并调整位置,使各组件等高和共轴。

(2) 调节激光光斑大小及位置,使光斑刚好落在双缝上,直到白屏上产生干涉条纹。

(3) 观察干涉条纹光强及间距特点。

18.5.2 双缝干涉测量实验

(1) 多次测量狭缝到白屏的距离,并记录在表 18-2 中。

(2) 将白屏更换为光电传感器,调节一维手动扫描平台,使光电传感器处于适当的位置(一般在条纹级次 $m \geqslant 5$ 处);然后通过扫描平台侧面的手轮缓慢调节光电传感器的水平位置,进行实时测量,使干涉斑光强的极大值依次通过光电传感器,测量的相对光强值通过照度表读出,每移动 0.1 或 0.2 mm 记录一次数据,数据记录在表 18-2 中。

(3) 把水平位移值作为 x 轴,相对光强值作为 y 轴,作出光强值随位置变化的曲线图。

表 18-2 双缝干涉的测量数据记录

数据编号	横坐标值 x/mm	光强值 y/Lx
1		
2		
3		
4		
5		
6		
7		
……		

18.5.3 自动测量实验

将光电传感器更换为 CCD(电荷耦合器件),通过 CCD 测量条纹并进行数据分析。

18.5.4 数据计算

参照公式(18-3)和公式(18-4)验证缝间距和光强值是否满足公式。

18.6 实验结果讨论

（1）相干条件要求两相干光的频率相同，而在白光中各种波长都有，为什么仍会发生干涉？

（2）在“杨氏实验”中，s 是一很小的狭缝（或小孔），通过 s 的光照射到 s_1 和 s_2 上，在光屏上形成明暗相间的干涉条纹。这个狭缝 s 的存在是否有必要？若用一个普通光源代替 s 去照射 s_1 和 s_2，光屏上能否出现干涉条纹？

18.7 实验报告要求

（1）按照实验要求完成所有的实验，并记录相关数据。

（2）绘制相应的光路图，完成数据的运算及整理，并加以说明。

（3）对实验过程中的现象进行讨论分析。

（4）按照标准实验报告的格式完整写出整个实验过程，并按时上交实验报告。

第 19 章

夫琅禾费单缝衍射及测量实验

19.1 实验目的

观察夫琅禾费单缝衍射图样及演算单缝衍射公式。

19.2 实验原理

平行光通过狭缝时产生的衍射条纹定位于无穷远，称作夫琅禾费单缝衍射。它的衍射图样比较简单，便于用菲涅尔半波带法计算各级加强和减弱的位置。

把单色点光源放在透镜的焦点上，经过透镜后的单色平行光垂直照射衍射屏时，在屏后面不同距离处会观察到一些衍射现象，其中当屏远离到足够远的距离时，光斑中心会出现一个较大的亮斑，外围是一些较弱的明暗相间的同心圆环，此后再往外移动，衍射图样出现稳定分布，中心处总是亮的，只是半径不断扩大而已，这种衍射称为夫琅禾费衍射，又称远场衍射（当距离较近时为菲涅尔衍射，较近时没有夫琅禾费衍射）。其在实验中的观察方式是：光源和观察屏都在离衍射孔（或缝）无限远处（或等效无穷远处）。

设狭缝 AB 的宽度为 a（见图 19-1，图中把缝宽放大了约百倍），入射光波长为 λ，O 点是缝宽的中点，OP_0 是 AB 面的法线方向。AB 波阵面上大量子波发出的平行于该方向的光线经透镜 L 汇聚于 P_0 点，这部分光波因相位相同而得到加强。就 AB 波阵面均分为 AO，BO 两个波阵面而言，若从每个波带上对应的子波源发出的子波光线到达 P_0 点时光程差为 $\lambda/2$，则此处的光波因干涉相消成为暗点，屏幕上出现暗条纹。如此讨论，随着 φ 角的增大，当单缝波面被分为更多个偶数波带时，屏幕上会有另外一些暗条纹出现。若波带数为奇数，则有一些次级子波在屏幕上别的一些位置相干而出现亮条纹。如波带为非整数，则有明暗相间的干涉结果。

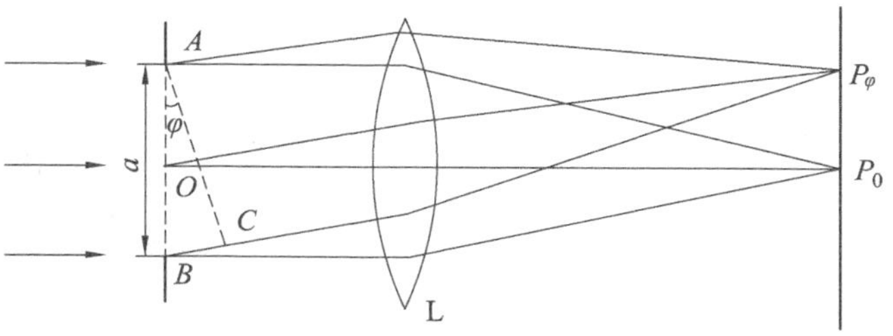

图 19-1　夫琅禾费单缝衍射原理图

总之，当衍射光满足 $BC = a\sin\varphi = k\lambda(k = \pm1, \pm2, \cdots)$ 时，产生暗条纹；当满足 $BC = a\sin\varphi = (2k+1)\lambda/2(k=0, \pm1, \pm2, \cdots)$ 时，产生明条纹。

在使用普通单色光源的情况下，满足上述原理要求的实验装置一般都需要在衍射狭缝前后各放置一个透镜。但是一种近似的方法也是可行的，就是使光源和观测屏相对于衍射缝都处在"远区"位置。用一个长焦距的凸透镜 L 使狭缝光源 S_{P1} 成像于观测屏 S 上（见图 19-2），其中 S 与 S_{P1} 之间的距离稍大于 4 倍焦距，透镜大致在这个距离中间，再紧靠 L 安放一个衍射狭缝 S_{P2}，屏 S 上即出现夫琅禾费单缝衍射条纹。

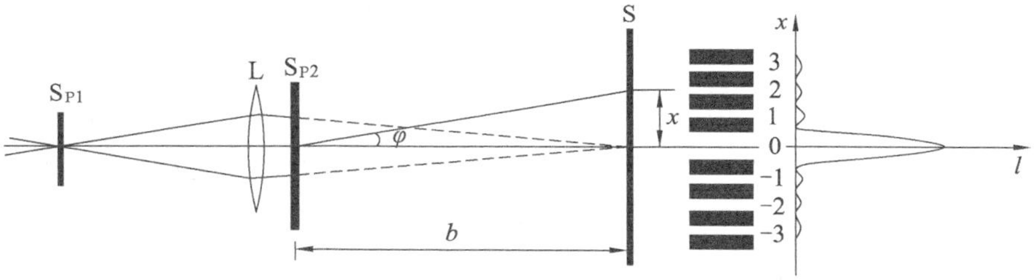

图 19-2　夫琅禾费单缝衍射图样

设狭缝 S_{P2} 与观测屏 S 之间的距离为 b，第 k 级亮条纹与衍射图样中心的距离为 x_k，则

$$\tan\varphi = x_k/b$$

由于 φ 角极小，因而 $\tan\varphi \approx \sin\varphi$。又因为衍射图样中心位置不易准确测定，所以总是量出两条同级条纹间的距离 $2x_k$。由产生明条纹的公式可知：

$$2x_k = (2k+1)\frac{b}{a}\lambda$$

由此可见，为了求得入射光波长，须测量 $2x_k$，a 和 b 三个量。

19.3　仪器实物图及原理图

夫琅禾费单缝衍射实验仪器实物图及原理图如图 19-3 所示，实验使用仪器见表 19-1。

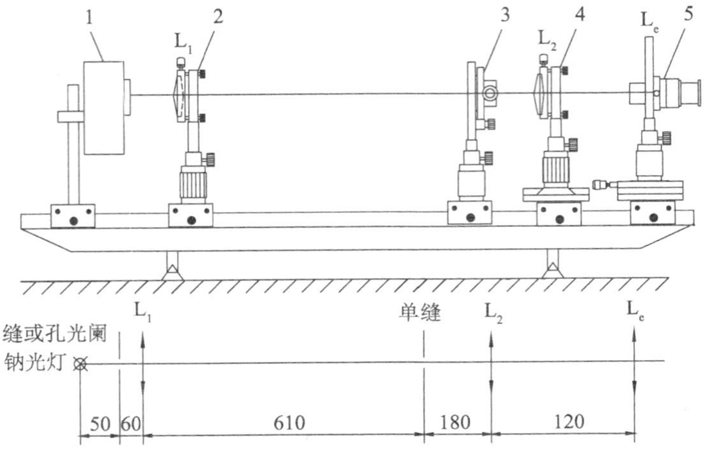

图 19-3　夫琅禾费单缝衍射实验仪器实物图及原理图

表 19-1　实验使用仪器

序号	名称	型号/规格
1	全彩光源	
	滑座	
2	凸透镜	焦距 50 mm
	滑座	
3	狭缝	
	滑座	
4	凸透镜	焦距 100 mm
	滑座	
5	读数显微镜	
	读数显微镜架	
	滑座	

19.4　实验步骤

（1）把光通过透镜聚焦到单面可调狭缝上成为缝光源。再把所有器件按图 19-3 的顺序摆放在平台上，调至共轴。其中小孔（$\phi = 1$ mm）和测微目镜之间的距离必须保证满足远场条件。（图中数据均为参考数据）

（2）调节焦距为 100 mm 的透镜 L_2，直至能在测微目镜中看到衍射条纹。如果无条纹，可调节小孔的大小，直到找到合适的小孔为止。

（3）仔细调节狭缝的宽度，直到目镜视场内的中央条纹两侧各有可见度较好的三四条亮纹。记录单缝和测微目镜的位置，计算出两者之间的距离 b。

（4）读出狭缝宽度 a，并且记录下来。

（5）调整双缝重复实验，观察现象。

19.5　数据处理

为了便于计算波长，可以设 $\lambda \frac{b}{a}=z$，而 $z=\frac{2x_k}{2k+1}$，其中 $2x_k$ 为两条同级条纹间的距离。先对不同的次级 k 求出 z 值，然后求平均，再计算 $\bar{\lambda}=\bar{z}\frac{a}{b}$。

a	b	k	x_k	z	λ

19.6　实验结果讨论

（1）实现夫琅禾费单缝衍射的条件是什么？

（2）光的波长是否影响条纹间隔？

（3）缝宽变化是否影响图样？

（4）在该实验图像中，中央亮纹的角宽度与各次极大（亮纹）角宽度间有何关系？

19.7　实验报告要求

（1）按照实验要求完成所有的实验，并记录相关数据和图样。

（2）绘制相应的光路图，完成数据的运算及整理，并加以说明。

（3）对实验过程中的现象进行讨论分析。

（4）按照标准实验报告的格式完整写出整个实验过程，并按时上交实验报告。

第 20 章

夫琅禾费圆孔衍射实验

20.1 实验目的

观察夫琅禾费圆孔衍射图样。

20.2 实验原理

平行光通过小孔时产生的衍射条纹定位于无穷远,称作夫琅禾费圆孔衍射。应用光源,可以在透镜的焦平面上看到圆孔衍射图样,衍射图样是一组同心的明暗相间的圆环,可以证明以第一暗环为边界的中央亮斑的光强占整个入射光束光强的 84%,这个中央光斑称为艾里斑。经计算可知,艾里斑的半角宽度为

$$\theta_1 \approx \sin\,\theta_1 = 0.61\,\frac{\lambda}{R} = 1.22\,\frac{\lambda}{D}$$

其中,D 是圆孔的直径。

若透镜 L_2 的焦距为 f,则艾里斑的线半径由图 20-1 可知,为

$$\Delta l = f \cdot \tan\,\theta_1$$

由于 θ_1 一般很小,故 $\tan\,\theta_1 \approx \sin\,\theta_1 \approx \theta_1$,则

$$\Delta l = 1.22\,\frac{\lambda}{D}f$$

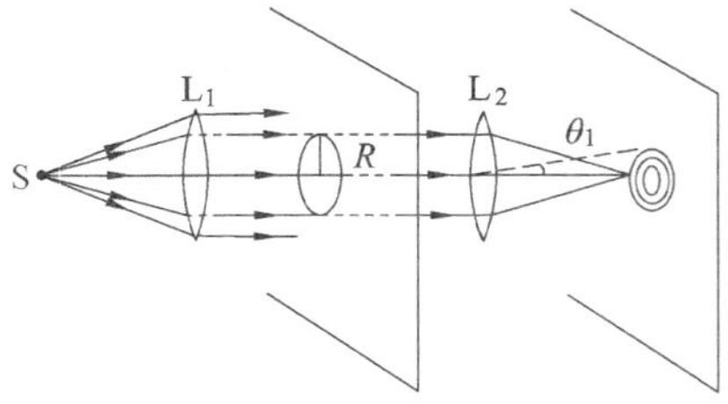

图 20-1 实验原理图

20.3　仪器实物图及原理图

夫琅禾费圆孔衍射实验仪器实物图及原理图如图 20-2 所示，实验使用仪器见表 20-1。

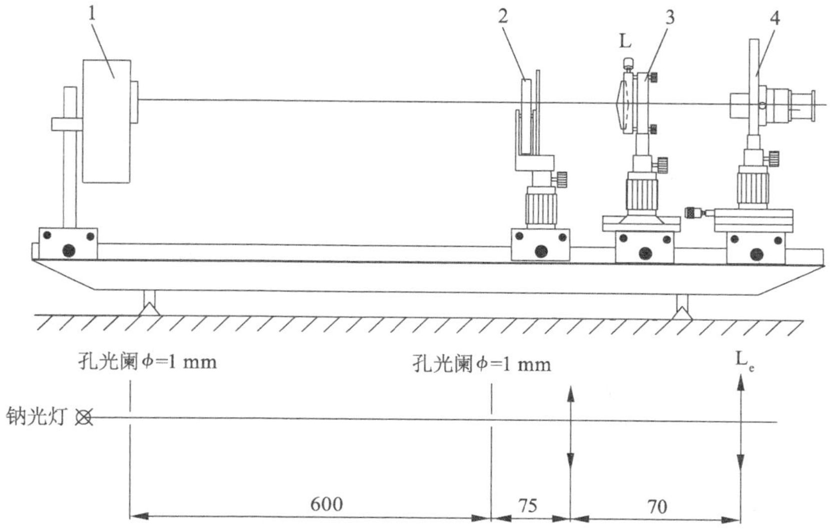

图 20-2　夫琅禾费圆孔衍射实验仪器实物图及原理图

表 20-1　实验使用仪器

序号	名称	型号/规格
1	全彩光源	
	滑座	
2	多孔架	
	滑座	
3	凸透镜	焦距 100 mm
	滑座	
4	读数显微镜	
	读数显微镜架	
	滑座	

20.4 实验内容

(1) 把所有器件按图 20-2 的顺序摆放在平台上，调至共轴。其中，光阑和测微目镜之间的距离必须保证满足远场条件。衍射孔的大小为 1 mm。（图中数据均为参考数据）

(2) 调节透镜直至能在测微目镜中看到中心为亮斑的衍射条纹。

(3) 记录艾里斑的直径 e，并和计算值进行比较。

20.5 数据处理

验证艾里斑半径公式：

用测微目镜测出艾里斑的直径 e，已知衍射小孔直径 $\phi = 1$ mm，焦距 $f = 100$ mm，可验证 $e = 1.22\ \frac{\lambda}{a}f$ 公式的正确性（其中 a 为孔的半径），本实验要求实验环境很暗。

20.6 实验结果讨论

(1) 为什么夫琅禾费圆孔衍射圆孔后面要加一个凸透镜？

(2) 夫琅禾费圆孔衍射和单缝衍射的区别是什么？

(3) 如何对艾里斑半径进行计算？

20.7 实验报告要求

(1) 按照实验要求完成所有的实验，并记录相关数据和图样。

(2) 绘制相应的光路图，完成数据的运算及整理，并加以说明。

(3) 对实验过程中的现象进行讨论分析。

(4) 按照标准实验报告的格式完整写出整个实验过程，并按时上交实验报告。

第 21 章

菲涅尔单缝衍射实验

21.1 实验目的

观察菲涅尔单缝衍射现象。

21.2 实验原理

菲涅尔衍射和夫琅禾费衍射是研究衍射现象的两种方法。前者不需要用任何仪器就可以直接观察到衍射现象,在这种情况下,观察点和光源(或其中之一)与障碍物(或孔)间的距离有限,在计算光程和叠加后的光强等问题时,难免遇到烦琐的数学运算。而后者研究的是观察点和光源距障碍物都是无限远(平行光束)时的衍射现象,在这种情况下计算衍射图样中的光强分布时,数学运算就比较简单。所谓光源无限远,实际上就是把光源置于第一个透镜的焦平面上,得到平行光束;所谓观察点无限远,实际上就是在第二个透镜的焦平面上观察衍射图样。请读者在第 21 ~23 章的三个实验中注意观察。

21.3 仪器实物图及原理图

仪器实物图及原理图如图 21-1 所示,实验使用仪器见表 21-1。

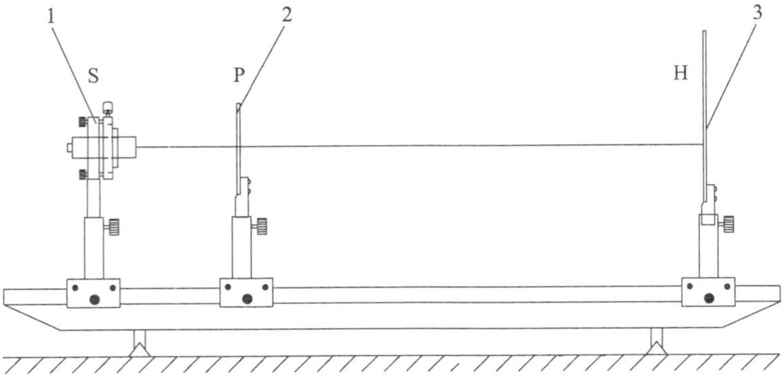

图 21-1　仪器实物图及原理图

表 21-1　实验使用仪器

序号	名称	型号/规格
1	激光器	650 nm
2	通用底座	
3	单面狭缝	
4	白屏	

21.4　实验步骤

所有器件按图 21-1 的顺序摆放在平台上，调至共轴。激光器通过扩束镜（以不满足远场条件）投射到单缝上，如图 21-1 所示，即可在屏幕上出现衍射条纹，缓慢地、连续地将单缝由窄变宽，同时注意屏幕上的图样，即可观察到与理论分析结果一致、由夫琅禾费单缝衍射图样过渡到菲涅尔单缝衍射图样。本实验也可不加扩束镜。

21.5　实验结果讨论

(1) 菲涅尔单缝衍射和夫琅禾费单缝衍射之间有哪些区别？

(2) 菲涅尔单缝衍射图样和单缝缝宽有什么关系？

(3) 扩束镜对单缝衍射图样有何影响？

21.6　知识点扩展

光源和光屏到障碍物的距离均不是很远，并且没有使用透镜。此时光线不是平行光，即波阵面不是平面。这种情况是菲涅尔最早（1818 年）描述的，所以称为菲涅尔衍射。

光源和光屏到障碍物的距离都很大，此时入射光可视为平行光，波面是平面，衍射光也是平行光。这种衍射称为夫琅禾费衍射，它是夫琅禾费（J. von Fraunhofer）最早（1821—1822 年）描述的。在实验室里，可以很容易地用透镜使入射球面光波变成平行光，很容易满足夫琅禾费衍射的条件。

显然，菲涅尔衍射是普遍情况，夫琅禾费衍射只是它的特例。

21.7　实验报告要求

（1）按照实验要求完成所有的实验，并记录相关数据。

（2）绘制相应的光路图，完成数据的运算及整理，并加以说明。

（3）对实验过程中的现象进行讨论分析。

（4）按照标准实验报告的格式完整写出整个实验过程，并按时上交实验报告。

第 22 章

菲涅尔圆孔衍射实验

22.1 实验目的

观察菲涅尔圆孔衍射现象。

22.2 实验原理

实验原理图如图 22-1 所示，其中，S 为单色光源，P 为光场中任一点。

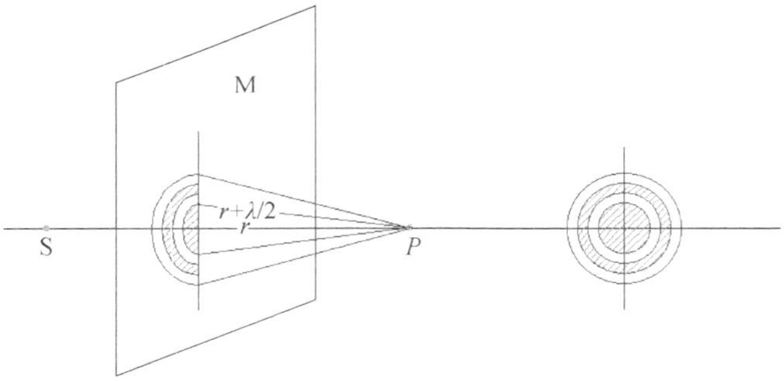

图 22-1　实验原理图

S 与 P 之间有一带圆孔的光屏 M，圆孔中心在 SP 连线上。这时 S 对 P 的作用就只是圆孔范围内露出的一部分波面 Σ 上的那些次波源在 P 点所产生的光振动的叠加。按照波带法，分别以 P 为中心，$r+\lambda/2$，$r+\lambda$，…为半径将露出的波面分成若干个波带，各波带在 P 点产生振动的振幅为

$$A_j = \frac{a_1}{2} \pm \frac{a_i}{2}$$

当圆孔露出奇数个波带时，P 点是光强度约等于 a_1^2 的亮点；而当圆孔露出偶数个波带时，P 点是光强度接近于零的暗点。

（1）圆孔的大小变化时，P 点周围呈现出的明暗相间的圆形条纹会发生亮暗交替变化。

（2）若将 P 点处的白屏沿轴向移动，中心点也会产生亮暗交替变化。

22.3　仪器实物图及原理图

仪器实物图及原理图如图 22-2 所示，实验使用仪器见表 22-1。

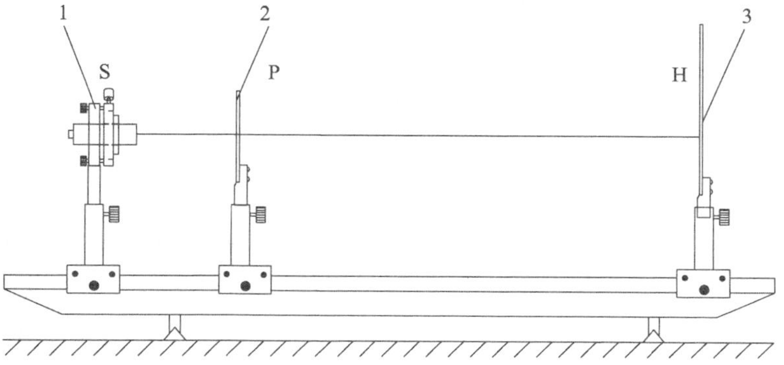

图 22-2　仪器实物图及原理图

表 22-1　实验使用仪器

序号	名称	型号/规格
1	激光器	650 nm
2	多孔架	
3	白屏	

22.4　实验步骤

把所有器件按图 22-2 的顺序摆放在平台上，调至共轴。将单缝实验中的衍射单缝换成直径衍射圆孔，将屏幕逐渐远离圆孔，可看到中心点有亮—暗—亮的衍射结果，当距离为 400 mm 时，中心是一个暗点，距离为 210 mm 和 600 mm 时则为亮点。本实验也可去掉扩束镜，找到合适的圆孔，观察艾里斑。

22.5 实验结果讨论

(1) 菲涅尔圆孔衍射和夫琅禾费圆孔衍射之间有哪些区别?
(2) 菲涅尔圆孔衍射图样和屏幕到圆孔的距离有什么关系?

22.6 实验报告要求

(1) 按照实验要求完成所有的实验,并记录相关数据和图样。
(2) 绘制相应的光路图,完成数据的运算及整理,并加以说明。
(3) 对实验过程中的现象进行讨论分析。
(4) 按照标准实验报告的格式完整写出整个实验过程,并按时上交实验报告。

第 23 章

菲涅尔直边衍射实验

23.1 实验目的

观察菲涅尔直边衍射现象。

23.2 实验原理

菲涅尔直边衍射：当用一束平行光照明直边屏时，远处屏幕上的衍射图样在几何影界邻近照明区内出现若干亮暗条纹，然后强度起伏逐渐减弱趋向均匀，在几何阴影一侧仍有光强的扩展，然后较快地衰减为零（全黑）。借助半波带法可得到影界处的光强 R，即等于自由传播光强的1/4（见图23-1）。轴外光强的定量计算较为麻烦，在相干的线光源产生的柱面波照明直边屏的情形下，可以利用菲涅尔积分表和考纽螺线（见图23-2）按以下程序进行：设轴外点为 P，由 P 向光源作垂线，与波阵面交于一点 M'_o，该点与 M_o 点的弧长为

$$S = \widehat{M'_o M_o}$$

按下式算出无量纲参量：

$$v = S\sqrt{\frac{2(a+b)}{ab\lambda}}$$

其中，a，b 分别是直边与光源及屏幕的距离。然后从考纽螺线坐标的原点出发，沿曲线滑动一段长度 v 到达 B 点，连接 B 点与考纽螺线卷曲中心点 z，则 P 点的振幅与光强分别为

$$A(P) = \overline{Bz}$$

$$I(P) = \frac{A^2(P)}{2} I_0$$

实际上考纽螺线是按以下两个菲涅尔积分精确地绘制出来的：

$$x = \int_0^v \cos \frac{\pi v^2}{2} dv$$

$$y = \int_0^v \sin \frac{\pi v^2}{2} dv$$

通常由 v 值计算 x,y 值可查菲涅尔积分表,于是合成振幅 $A(P)$ 也可由 (x,y) 值直接表示出来:

$$A(P) = \overline{Bz} = \sqrt{\left(x - \frac{1}{2}\right)^2 + \left(y - \frac{1}{2}\right)^2}$$

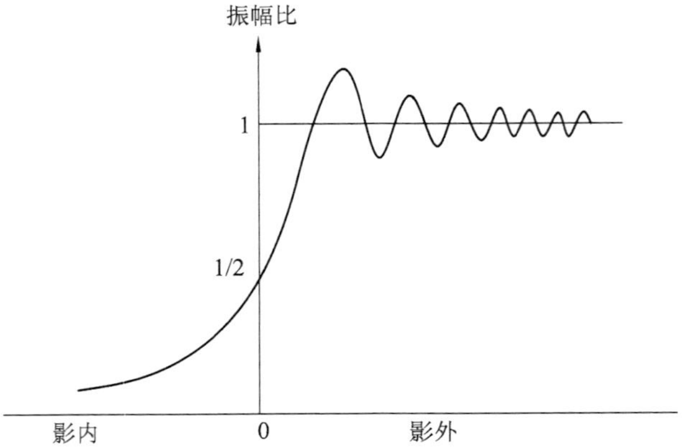

图 23-1　振幅比图

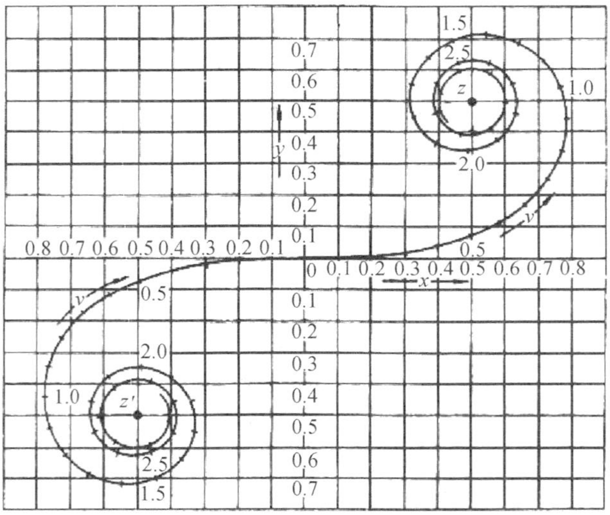

图 23-2　考纽螺线图

23.3　仪器实物图及原理图

菲涅尔直边衍射实验仪器实物图如图 23-3 所示，实验使用仪器见表 23-1。

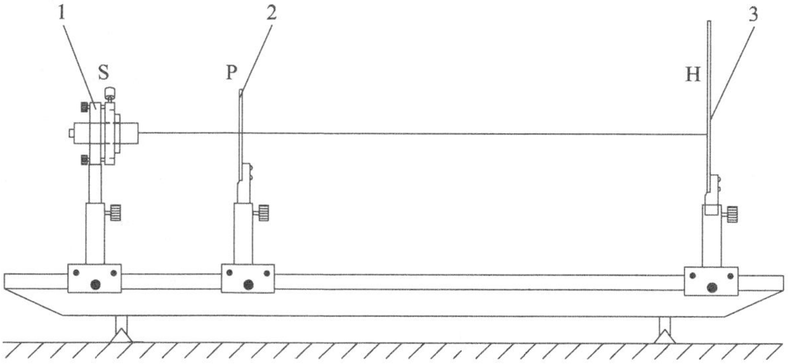

图 23-3　菲涅尔直边衍射实验仪器实物图

表 23-1　实验使用仪器

序号	名称	型号/规格
1	光源	
	滑座	
	二维调整架	
2	刀片	
	滑座	
3	白屏	
	滑座	

直边衍射参考图样如图 23-4 所示。

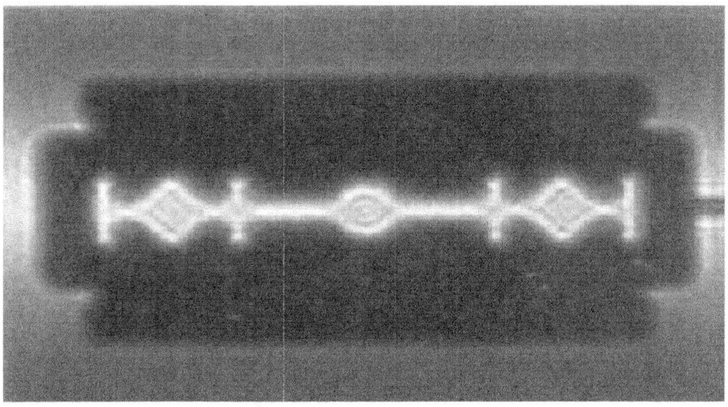

图 23-4　直边衍射参考图样

23.4 实验步骤

（1）参照图 23-3 搭建光路，并调整位置，使各组件等高和共轴。
（2）调节激光光斑大小及位置，使光斑扩散得尽量大，并刚好落在刀片上面。
（3）观察白屏或远处刀片的直边衍射图样。

23.5 实验结果讨论

（1）菲涅尔直边衍射的条件是什么？
（2）菲涅尔直边衍射的图样有何特点？

23.6 实验报告要求

（1）按照实验要求完成所有的实验，并记录相关数据和图样。
（2）绘制相应的光路图，完成数据的运算及整理，并加以说明。
（3）对实验过程中的现象进行讨论分析。
（4）按照标准实验报告的格式完整写出整个实验过程，并按时上交实验报告。